CHEONGJU

초정행궁
다래목장
초정약수원탕
정북동토성
운보의집
동부창고
문화제조창
국립현대미술관 청주
상당산성
백제유물전시관
윤리단길
고인쇄박물관
청주랜드
국립청주박물관
명암저수지
미동산수목원
KTX
오송역
예술의전당
청주시립미술관
성안길
수암골
카페거리
가로수길
청주
시외버스터미널
중앙공원
육거리종합시장
무심천
자전거길
옥화구곡관광길
옥화자연휴양림
고선재
게스트하우스
문의문화재단지
청남대
대청호미술관
대청호

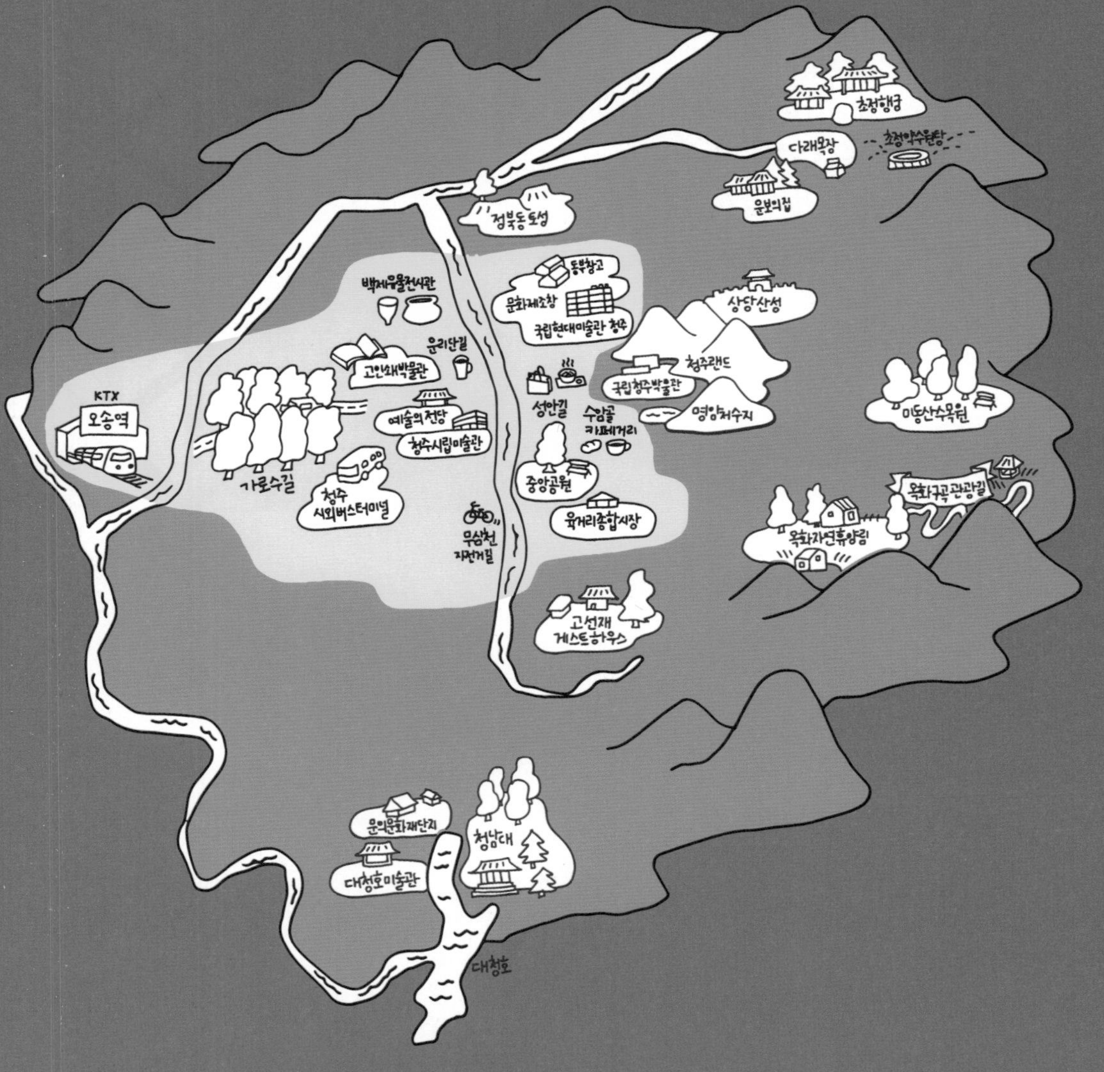

여행을 준비하는 방법은 사람마다 다릅니다. 어떤 사람은 가 보고 싶은 곳을 정해 꼼꼼하게 계획을 세워서 떠나고, 어떤 사람은 그곳이 어디든 딱 하나의 끌림만으로도 별다른 계획 없이 훌쩍 떠나기도 하죠. 사실 저는 후자에 가까운 사람인데요. 운 좋게도 청주로의 여행에 초대받은 후 그 몫을 하기 위해 열심히 여행 일정을 짜고, 가고 싶은 곳을 잔뜩 준비해 떠나는 연습을 하게 되었습니다. 그동안 아무 계획 없이 떠나도 좋았던 건 함께 여행한 꼼꼼한 J형 친구들 덕분이라는 걸 여행을 준비하며 알게 되었죠.

청주로의 여행에 초대받았을 때 처음 든 생각은 세 가지였습니다.

- V 전국 어디서든 가기에 가깝다!
- V 한적하고 쾌적한 여행이 가능하다!
- V (아직은) 핫한 관광지가 아니어서, 욕심부리지 않고 나만의 여행 루틴을 만들기에 좋은 도시다!

'나만의 여행 루틴이 필요하다'는 것은 최근에 드는 생각 중 하나였습니다. 나도 모르게 남이

가 본 여행지만 따라다닐 때, 보이기 위한 사진을 찍으려고 여행을 온 것만 같을 때, 새로운 메뉴 선택에 실패할 겨를도 없이 누군가의 SNS를 통해 미리 다 맛본 것 같을 때 '나는 뭘 위해서 이 멀리까지 여행을 온 걸까?' 생각합니다.

"여행을 왜 떠나나요?"라고 물으면 대답도 천차만별이겠지요. 미식 여행을 좋아하는 친구는 그곳에서만 맛볼 수 있는 제철 음식을 먹었을 때의 행복함 때문이라고 했고, 여행을 자주 떠나는 친구는 일하지 않고 보내는 시간이 주는 즐거움이라고 말했습니다.

여행을 왜 떠나는지 그 이유를 알고 가는 것과 모르는 상태로 가는 것은 확실히 다릅니다. 자기만의 여행 루틴이 하나라도 있다면 흔들리지 않고 기분 좋은 여행을 할 수 있을 테니까요. 남들이 정한, 꼭 가야 할 곳을 가지 않아도 충분히 만족스러운 여행을 할 수 있죠. 즐겁기 위해 시간과 돈을 써서 떠나왔는데 왠지 모를 허전한 기분이 든다면, 이젠 생각해 봐야 할 시간입니다. '여행이 나에게 무슨 의미일까'를요.

내가 정말 좋아하는 것은 무엇인지, 뭘 하면서 보내는 시간을 좋아하는지 알기 위해 제가 선택한 방법은 '기록하기'입니다. 기록은 대상을 관찰하게 하고, 시간이 지나면 홀라당 까먹고 말 것들도 모두 기억하게 도와주니까요. 별것 아니어도 나중에 다시 보면 재밌기도 하고요. 마침 청주가 '기록문화의 도시'인 것은 우연이 아닌가 봅니다.

여행을 기록하는 법은 취향껏 골라 보세요! 그날 있었던 일, 영수증에 적힌 가격까지 사실 그대로를 기록하는 방법이 있고요. 여행하는 동안 즐거웠던 순간과 문득 떠오른 생각들을 기록할 수도 있습니다. 사진이나 영상으로 남기기, 그림 그리기, 티켓과 영수증 수집 등 기록의 도구를 하나 정해서 아카이빙하는 것도 의미가 있습니다.

저는 청주로 '드로잉 + 기록' 여행을 떠나기로 했습니다. 노트와 검은색 펜, 아이패드를 들고 청주를 구석구석 여행하며 관찰하고 발견한 것을 그림으로 기록해 볼 계획입니다. 그림으로

기억하는 청주에서의 여행이 어떤 모습일지 기대해 주세요!

'기록'의 좋은 점

- 생각을 한 번 더 정리해서 그런지 더 오래 기억에 남는다.
- 기록하는 과정에서의 은근한 즐거움이 있다.
- 다시 꺼내 보면 재밌고, 남이 쓴 걸 봐도 재밌다.

청주고인쇄박물관

Contents

나만의 속도로 **청주를 여행한다면**

여행에서 대중교통을 이용하는 것, 걷는 것 모두 중요한 수단이고 장단점이 있습니다. 다만 내 마음이 가는 대로, 여행의 방향과 속도가 '내게 맞는 여행'이었다면 그 여행이야말로 '성공한 여행' 아닐까요.
서울에서 청주까지 기차나 고속버스를 타고 간 경험, 청주에서 버스를 이용하거나 걸어서 목적지에 도착한 경험을 기록했어요.
느려도 괜찮으니 나만의 여행 속도를 찾아보세요.
그러면 좀 더 의미 있는 여행을 만들 수 있을 거예요.

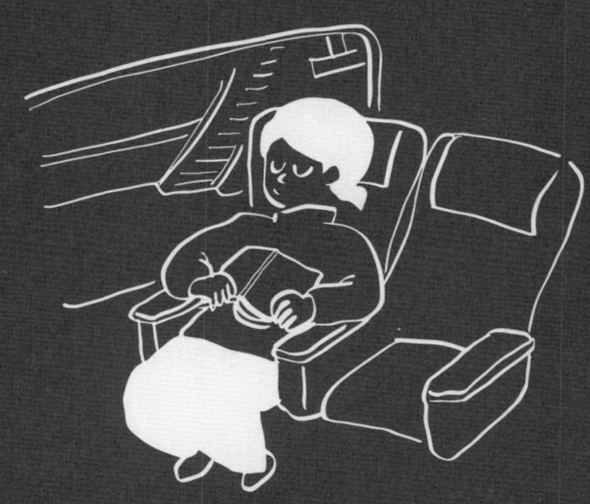

Korea Train eXpress

기차를 타고, 청주로!

시간을 돈으로 사고 싶을 땐 기차를 탑니다. 비용이 조금 더 들어도 출발-이동-도착 시간이 예상을 크게 벗어나지 않기 때문이죠. 한번은 친구들과 1박 2일 동안 꽉 찬 여행을 하려고 용산역에서 아침에 출발하는 기차를 예매했습니다. 출발 예정 시각은 8시 41분. 한 명은 제때 도착해서 기차를 탔는데, 다른 한 친구가 안 보입니다. 부리나케 뛰어 도착했지만, 8시 41분 5초…. 탑승까지 몇 발자국 안 남은 곳에서 문이 닫히고 말았어요.
결국 소중한 한 시간이 날아갔지만, 기차역에 남은 친구는 맛있는 호두과자와 커피를 먹을 수 있었고, 기차를 탄 친구는 넓은 좌석에서 여유롭게 기차 여행을 즐길 수 있었습니다. 시간을 돈으로 사는 데에는 실패했지만, 엉뚱한 여행의 시작이 추억을 남겨 줬죠. 예상하지 못한 이런 여행의 시작도 꽤 괜찮은 것 같습니다.

Express Bus

고속버스를 타고, 청주로!

시간이 여유로울 땐 고속버스를 탑니다. 조금 일찍 일어나서 부지런히 움직이면 돼요. 버스의 맨 앞자리, 중간 자리, 맨 뒷자리 다 앉아 봤지만, 제가 가장 좋아하는 자리는 맨 앞자리 또는 맨 뒷자리입니다. 속이 좀 안 좋거나 멍하니 있고 싶을 땐 운전자 옆 맨 앞자리가 제격이고요. 뭘 좀 끄적여야 하거나 버스 안 전체를 조망하고 싶을 땐 맨 뒷자리가 좋습니다. 좌석이 한 칸 높게 있어서 시야가 탁 트이고 창문도 열 수 있다는 게 최고의 장점이죠. 그리고 고속버스를 이용하면 청주 IC에서 도심으로 이동할 때 '가로수길'을 볼 수 있습니다. 이 가로수길은 '한국의 아름다운 길' 100선에 선정될 만큼 운치 있고 멋진 곳인데요. 약 6km 구간에 걸쳐 플라타너스가 빼곡히 줄지어 늘어서 장관을 이루고, 계절마다 특색 있는 풍경으로 청주의 랜드마크가 되었다고 합니다. 드라마, 영화 촬영지로도 활용되고 드라이브 코스로도 유명한 곳이니, 청주를 방문한다면 꼭 이 길을 지나가 보세요!

서울에서 청주로 가는 방법

기차(KTX) : 서울역 → 오송역, 45-50분 소요, 18,500원

* 오송역은 청주 시내에서 조금 떨어져 있어 시내까지는 버스 혹은 택시로 이동해야 합니다.
* 부산 → 청주는 1시간 20분, 광주 → 청주는 50분 소요됩니다.

고속버스 : 서울고속버스터미널(서울경부) → 청주고속버스터미널, 1시간 30분 소요, 8,700원

* 동서울, 서울(상봉) 등 근처 고속버스터미널을 이용해 보세요.
* 청주고속버스터미널 근처 청주시외버스터미널을 도착지로 설정해도 됩니다.
* 문화제조창 방문 시 '북청주여객정류장'을 이용하면 더 편리합니다.

City Bus

원도심에서 외곽으로 이동할 때는 '버스'

어디로 가는지 모르고 탄 버스가 이끄는 대로 외딴 곳에 도착해 낯선 여행을 하는 것. 너무 빠르지도 너무 느리지도 않은 속도로 창밖을 구경하며 여행을 즐기는 것. 출퇴근 시간이 아닌 낮 시간에 여유를 즐기며 버스 창에 기대 앉아 여행자의 시선으로 다른 사람들의 일상을 관찰하는 것. 버스를 타고 오가지 않았더라면 이런 소중함은 깨닫지 못했을 것 같아요. 그리고 청주에는 여행자들을 위해 '시티투어 버스'가 마련되어 있습니다. 청주의 문화 유적지를 전문 해설사의 안내로 직접 살펴볼 수 있어요. 2023년 4월부터 11월 12일까지 운영하니, 청주를 간다면 한번 이용해 봐도 좋겠습니다.

청주 시티투어 운행 정보

운영 기간 : 2023년 4월 1일-2023년 11월 12일

정기 투어 : 매주 토, 일요일 10:00-17:00(오송역, 가경터미널, 청주체육관 출발)

수시 투어 : 매주 화-일요일 10:00-17:00(20명 이상 신청 시 희망지에서 출발 가능)

이용 요금 : 2,000원

이용 안내 : 문화관광해설사 1명 시티투어 버스 동승

문의 및 예약 : 청주시관광협의회(043-234-8895)

* 시티투어 코스는 청주시청 홈페이지(www.cheongju.go.kr) '문화관광' 카테고리에서 확인할 수 있어요.

Walk

청주 곳곳을 돌아다닐 때는 '걷기'

여행지의 곳곳을 살피려면 걷는 것만큼 좋은 수단이 있을까요? 사실 낯선 곳으로 여행을 떠나면 걷는 게 두려울 때가 있습니다. 그래도 걸으며 만나는 골목길, 동네 이곳저곳을 눈에 담는 것이 여행의 묘미라고 생각합니다. 저는 청주를 여행하며 그런 값진 경험을 많이 했습니다. 원도심을 여행할 때는 운리단길, 성안길, 수암골 벽화마을이 그랬습니다. 과거와 현대가 공존하고 '변화를 견뎌 낸 시간의 흔적들이 지금의 청주를 만들었구나.' 생각되었거든요. 또 청주 외곽을 다니다 우연히 도착한 '저곡리 마을'도요. 지나가는 차도 거의 없고, 외지인도 잘 찾아오지 않는 한적한 마을을 마주한 경험은 걷지 않았다면 놓치고 말았을 거예요. 너무나 고요해서 아주 작은 바람 소리까지 들리는 곳. 저곡리 마을이 그랬어요. 마을에는 250년 넘게 마을을 지키고 있는 보호수인 회화나무 한 그루와 옛 방앗간을 카페로 재단장한 '정미소 카페'가 있습니다. 이미 잘 알려진 장소를 찾아가는 것도 재밌지만, 걸어 다니며 사람들의 발길이 많이 닿지 않은 곳을 발견하는 것도 생각보다 재밌습니다.

PART 1

문화와 예술의 향연, 만보 1길

• 추천 코스 •

문화예술 체험 : ① → ② → ③

역사 체험 : ④ → ⑤

골목 체험 : ④ → ⑤ → ⑥

음식 체험 : ⑤ → ⑥

문화제조창
2
동부창고
3
우암산
1
국립현대미술관 청주
수암골
카페거리
5
무심천
4
중앙공원
6
육거리종합시장

∘ **Cheongju** ∘

문화제조창과 동부창고

담배공장에서 복합 문화예술 공간으로

문화제조창

Check Point

- 2년마다 '청주공예비엔날레'가 이곳에서 열려요.
- 쇼핑몰부터 음식점, 키즈 카페, 도서관까지 다양한 시설이 있어요.
- 야외에 있는 '동부창고'도 꼭 둘러보세요!

충북 청주시 청원구 상당로 314 청주첨단문화산업단지

청주의 복합 문화예술 공간이 탄생하기까지

폐건물을 살려서 새로운 공간으로 재탄생시키는 것은 굉장히 멋진 일입니다. 낡았다고 무조건 부수고 없애는 것보다는 다시 활용할 수 있는 방안을 찾아 새로이 활용하는 것! 사실 쉽지 않은 일이죠. 그만큼 환경을 생각하고 낭비를 막는 일이기도 해 의미 있는 것 같습니다.
1946년 해방 후 세워진 이곳은 3천여 명이 근무하던 연초제조창, 즉 담배공장이었습니다. 안타깝게도 공기업 통·폐합 및 민영화 정책 등을 이유로 2004년 12월 문을 닫았는데요. 2021년 청주시는 이곳을 문화산업단지로 개발합니다. 담배를 제조하던 곳, 담뱃잎을 보관하던 창고, 직원들이 근무하던 건물이 '문화제조창'으로 바뀐 것이죠. 그 자체로 청주의 역사를 품고 있는 모습입니다. 건물 외관을 보면, 물탱크와 굴뚝이 그대로 남아 있어 옛 담배공장의 흔적을 바로 발견할 수 있어요.

옛 청주 연초제조창 이야기

14만m^2 규모의 연초제조창은 3천여 명의 근로자들이 매년 100억 개비 이상의 담배를 생산하고 17개국으로 수출하는 등 근현대 한국 경제의 부흥을 이끈 곳입니다. 그런데 여기서 한 가지 궁금해집니다. 왜 청주에 대규모 담배공장이 들어섰을까요? 충북은 세계적인 담배 주산지인 미국 조지아주와 위도, 토질이 가장 유사한 곳이라고 해요. 이 때문에 일제 강점기부터 충북 전역에서 담배 농사가 활발히 이루어진 것이죠.

당시에는 마을마다 흙벽돌을 쌓아 올린 담배 건조장이 여러 개 있었고, 면 소재지와 군 단위마다 담배를 수매하는 창고가 있을 정도였다고 합니다.
특히 1958년에 선보인 '아리랑'은 국내 최초 필터 담배이자 두 번째로 장수를 기록한 담배입니다.
이 담배가 제조된 곳이 바로 청주입니다. 흥미로운 점은 필터 담배가 제조되기 전 양쪽 끝이 절단된 형태의 '양절초'를 생산했는데, 대부분 수작업으로 이루어졌기에 연초제조창에서 많은 여성 근로자가 일할 수 있었다고 해요.

담배공장을 문화 공간으로 바꾸기 위해서였을까요? 복합 문화예술 플랫폼답게 문화제조창 내부에는 사람들이 체험하고 즐길 수 있는 문화 시설이 가득합니다. 특히 창작자를 지원하는 공간이 여러 군데 마련되어 있고, 연관 프로그램도 운영되고 있습니다.
1층에는 카페와 식당, 패션 등 누구나 쾌적하게 보고 즐길 수 있는 매장들이 입점해 있으며, 현재 2층은 청주시청 임시청사로 사용되고 있습니다. 3, 4층은 '한국공예관'으로 갤러리, 공예 스튜디오가 마련되어 있습니다. 문화제조창에서는 2년에 한 번씩 '청주공예비엔날레'가 열리는데요.
그래서인지 공예 작가들이 입주해 작업하는 공예 스튜디오를 비롯해 곳곳에 작품들이 전시되어 있어서 단정하고 아름다운 분위기가 느껴집니다.
한국공예관을 둘러본 후 여운이 남는다면 1층 '한국공예관 뮤지엄숍'을 찾아가 보세요. 멋지고 아름다운 전통 공예품들을 만날 수 있어요.

미디어 콘텐츠에 관심이 많다면 5층 '충북시청자미디어센터'로 가 보세요. 방문 전 예약하면 콘텐츠 제작에 필요한 각종 기기와 스튜디오, 녹음실 등을 무료로 이용할 수 있어요. 그 옆에는 독서는 물론 음악 감상과 보드게임을 즐길 수 있는 '열린도서관'이 있습니다. 어린이와 함께 오면 다양한 경험을 할 수 있답니다!

지역 예술인들을 위한 공간, 동부창고

'동부창고'는 담뱃잎 보관 창고로 쓰이던 곳을 카페, 문화센터, 커뮤니티 플랫폼으로 꾸민 곳입니다. 일본과 독일의 건축 기법을 담은 구조로 모두 7개 건물이 있습니다. 벽돌로 쌓고 목재로 지붕을 마감했는데, 기둥 하나 없이도 안전하고 비바람을 견딜 수 있다고 해요. 그만큼 내구성이 강한 건물입니다. 나란히 서 있는 34, 35, 36동은 갤러리, 목공예실, 동아리실 등 전문 예술인과 생활 예술인을 위한 공간으로 활용되고 있습니다. 6동은 전시, 공연, 마켓 등으로 활용되는 열린 공간이고, 8동은 '카페C'로 만들어졌어요(37, 38동은 리모델링 중입니다).

'시민예술놀이터'라는 수식어답게 다양한 즐길 거리가 있습니다. 문화제조창보다 높은 지형에 있어 하늘을 가까이 볼 수 있고, 날이 좋으면 잔디 마당에 돗자리를 깔고 앉아 즐길 수도 있습니다. 무엇보다 붉은 벽돌과 목조 트러스로 만든 1960년대 창고의 원형을 그대로 유지하고 있어, 근대건축유산으로서도 보존 가치가 높습니다.

그리고 한 가지 더! 문화제조창과 동부창고, 국립현대미술관, 첨단문화산업단지는 모두 가까이에 모여 있습니다. 청주의 '문화예술 집합소'라고 해도 과언이 아니죠. 조금씩 다른 매력을 지닌 공간들을 둘러보며 비교해 보는 재미가 있습니다.

출처 : 청주시청 공식 블로그

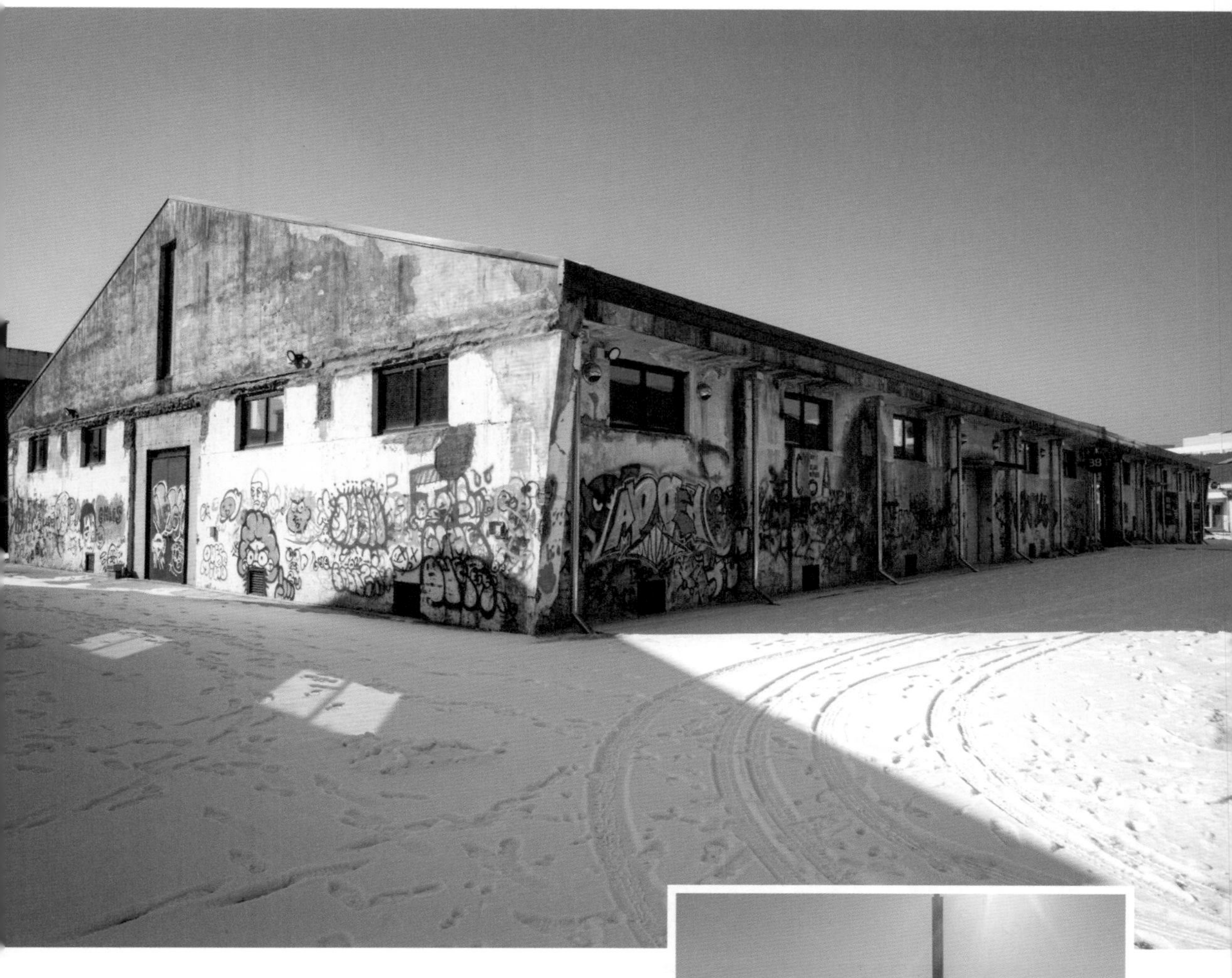

문화제조창에서 예술 여행하기

청주공예비엔날레 관람
홀수년도 9-10월에 열리는 축제로, 전시 관람과 공예 체험이 가능해요.

공예 스튜디오 체험
문화제조창 4층에 위치한 '공예 스튜디오'에서 유리, 도자, 가죽, 섬유 등 공예 체험이 가능해요.

동부창고 원데이 클래스 체험
예술 나눔 공간인 동부창고 곳곳에서 공예와 미술 체험을 할 수 있어요.

시청자미디어센터 체험
문화제조창 5층에 있는 '충북시청자미디어센터'에서 영상 촬영, 제작 등을 직접 해 볼 수 있어요.

❶ 일상에서 만나는 모든 것의 예술, 청주공예비엔날레

충북 청주시 청원구 상당로 314 문화제조창 본관 9-10월(격년제)

청주에서는 2년마다 '청주공예비엔날레'가 열립니다. 전 세계의 실험적이고 창의적인 공예작품을 비롯해 새로운 작가를 발굴하는 자리죠. '공예' 하면 가장 쉽게 떠오르는 도자기 외에도 금속, 나무, 섬유, 유리 등 다양한 소재로 만든 공예작품들을 가장 먼저 볼 수 있어요. 매회 세계 60여 개국, 3천여 명의 작가가 참여하고 30만 명의 관람객이 방문하는, 그야말로 세계 최대 규모, 최고 수준의 축제라 할 수 있습니다.

2015년 청주공예비엔날레 특별전에는 '알랭 드 보통'이 예술감독으로 참여했습니다. 그는 공예가 "우리 삶과 동떨어진 것이 아니며, 오히려 삶에 가장 밀접한 예술로서 더 많은 사람이 순수예술에 접근할 수 있도록 한다"고 이야기했습니다. 아름답고 쓸모 있을 뿐만 아니라 심리적으로도 우리를 변화시키는 매개가 될 수 있다는 내용의 강연을 진행했어요. 그렇게 담론하며 나온 책이 바로《알랭 드 보통의 아름다움과 행복의 예술》입니다. 청주공예비엔날레 특별전 팀과 함께 썼죠. 이 책도 같이 읽어 보면 좋을 듯합니다.

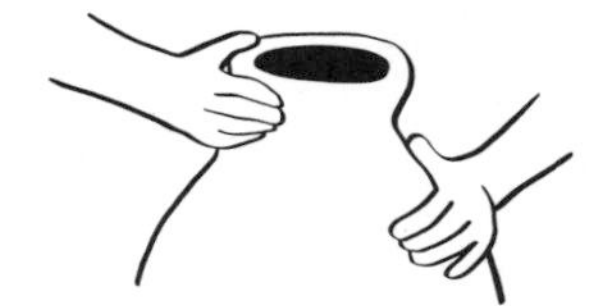

2023년 9월에는 제13회 청주공예비엔날레가 열립니다. 수작업이 아니면 결코 탄생할 수 없는, 우리의 내면까지도 변화시켜 줄 작품들을 만날 수 있는 자리가 벌써 기대되네요!

출처 : 청주시문화산업진흥재단

출처 : 청주시문화산업진흥재단

"공예는 평범한 사람들에게
힘과 아이디어를 줍니다"

역대 청주공예비엔날레 전시 주제

1999년 〈조화의 손〉
2001년 〈자연의 숨결〉
2003년 〈쓰임〉
2005년 〈유혹〉
2007년 〈창조적 진화-깊고 느리게〉
2009년 〈만남을 찾아서〉
2011년 〈유용지물〉
2013년 〈익숙함 그리고 새로움〉
2015년 〈HANDS+ 확장과 공존〉
2017년 〈HANDS+ 품다〉
2019년 〈미래와 꿈의 공예-몽유도원이 펼쳐지다〉
2021년 〈공생의 도구〉
2023년 〈사물의 지도〉(9월 1일-10월 15일 예정)

❷ 유·무형 문화재와 함께 즐기는 한여름 밤 산책, 청주문화재야행

📍 중앙공원, 청주시청 임시청사, 성안길 일대 ⏰ 8월

청주만의 유·무형 문화재와 청주 원도심의 역사 이야기를 품은 '청주문화재야행'은 2016년부터 개최되고 있는 청주의 대표적인 문화 축제로, 청주에 있는 국보와 유·무형 문화재를 가까이서 만날 수 있습니다. 코로나19 시기에는 온라인 행사와 병행해 치러졌는데요. 다양한 체험과 볼거리로 청주의 대표 야간형 문화관광 콘텐츠로 자리 잡았습니다. 특히 저녁에는 야외 행사와 더불어 아름다운 야경을 함께 감상할 수 있어요. 스탬프 투어는 물론 문화해설사 분들이 들려주는 역사 이야기 등 다채로운 프로그램이 마련되어 있으니, 이 시기 청주를 여행한다면 놓치지 말고 즐거운 추억을 쌓아 보세요!

출처 : 청주시문화산업진흥재단

❸ 가을의 정취와 함께 초정행궁에서 펼쳐지는, 세종대왕과 초정약수 축제

📍 청주시 청원구 내수읍 초정약수로 851 초정행궁 ⏰ 10월

2022년 16회를 맞이한 '세종대왕과 초정약수 축제'는 2020년 초정행궁 준공 이후 처음 열리는 대면 축제였던 만큼 풍성한 볼거리로 가득했습니다. 세종대왕과 초정약수 이야기를 담은 음악극, 조선 유람단의 공연은 물론 전시, 공방 체험 등 즐길 거리가 많았어요.
초정행궁은 세종대왕이 1444년 봄과 가을 두 차례에 걸쳐 행차해 행궁을 짓고 121일 동안 지내며 눈병과 피부병을 낫게 요양한 곳이죠. 역사적 의미가 있는 곳인 만큼 천천히 걸으며 둘러보기에도 좋은 공간입니다.

❹ 직지의 위대함을 알리는 축제 한마당, 직지문화제

직지문화특구, 운리단길, 문화제조창 9월

금속활자 인쇄술 발명의 위대성을 알리고, 그 가치를 발전시키고자 개최한 '직지문화제'는 2003년 '직지축제'로 시작해 현재까지 이어지고 있습니다. 2022년 직지문화제는 코로나19의 영향으로 4년 만에 열리며, 고인쇄박물관을 중심으로 다양한 체험 프로그램과 볼거리가 마련되었습니다.
소규모 공방과 카페가 즐비한 운리단길 상가들이 축제에 함께 참여하며 더욱 풍성해졌는데요. 특히 2022년 선보인 '세계인쇄교류 특별전'은 독일 클링스포어 박물관과의 공동 기획전으로, 활자를 통한 예술 교류의 현장을 엿볼 수 있었습니다.

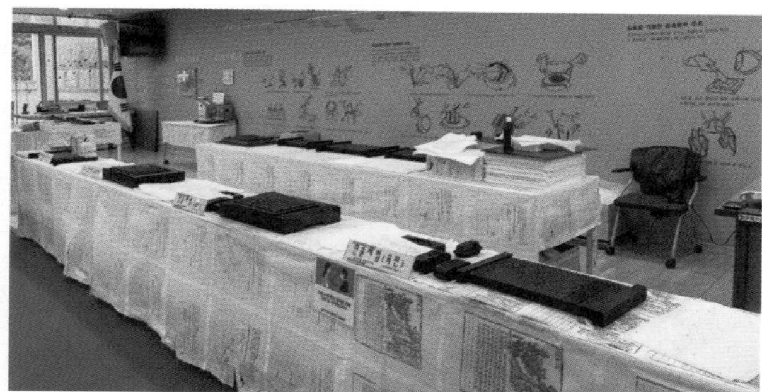

출처 : 청주시청 공식 블로그

❺ 친환경을 직접 체험하는 교육의 장, 청원생명축제

충북 청주시 청원구 오창읍 미래지로 99 9-10월

출처 : 청주시청 공식 블로그

'청원생명축제'는 친환경을 테마로 구성된 대표적인 축제입니다. 2008년부터 시작된 이 축제는 청주시의 농·특산물을 홍보하고 친환경 관련 전시와 다양한 체험 행사, 볼거리를 제공하고 있어요. 입장권(성인 5,000원, 청소년 · 유아 1,000원)이 있지만, 축제장 안에서 현금처럼 사용이 가능합니다.
특히 이 축제는 자라나는 아이들에게 농업의 현재와 미래를 알리는 교육의 장으로서 그 역할을 하고 있어요. 직접 농수산물 수확 체험을 해 볼 수 있고, 식물원을 옮겨 놓은 듯한 생명농업관, 특산물을 전시한 홍보관 등 평소 보지 못한 열대식물과 정원, 청주의 농산물을 한자리에서 만나 볼 수 있습니다. 또 문화 공연과 가요제도 있어 관람객 모두가 함께 즐길 수 있어요.

⑥ 청주성 탈환을 기념하는 역사·문화 축제, 청주읍성큰잔치

충북 청주시 상당구 남사로 117 중앙공원 · 9월

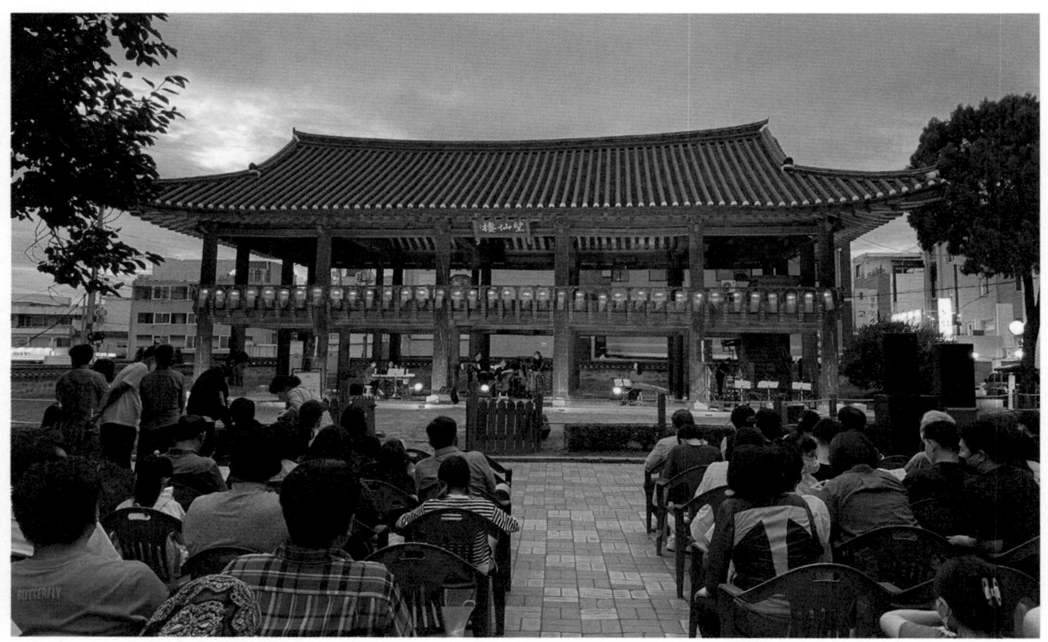

‘청주읍성큰잔치’는 1592년 임진왜란 당시 의병과 승병들이 주도한 연합군이 처음으로 성을 지켜 낸 역사적 사건을 기념하는 시민 참여형 역사·문화 축제입니다. 청주성 탈환의 의미를 되새기기 위해 매년 9월 첫 주말에 열리며, 중앙공원과 성안길을 중심으로 이루어집니다. 청주읍성은 과연 어떤 곳이고, 어떤 역할을 했는지 궁금해 찾아보니, 청주시 상당구 남문로, 북문로, 서문동 일대의 석성으로 읍성 안에 있는 청주 관아와 객사, 창고, 민가 등을 보호하고 군사 행정의 기능을 담당했다고 해요. 그 옛날 읍성이 있었기에 지금의 청주도 있는 게 아닌가 하는 생각이 듭니다.

축제 기간 동안 야간에는 읍성 달빛정원과 망선루에서 펼쳐지는 프로그램은 물론 마당극, 전통문화 체험, 보물찾기 스탬프 투어 등 직접 참여해 즐길 수 있는 것들이 많답니다.

출처 : 청주시청 공식블로그

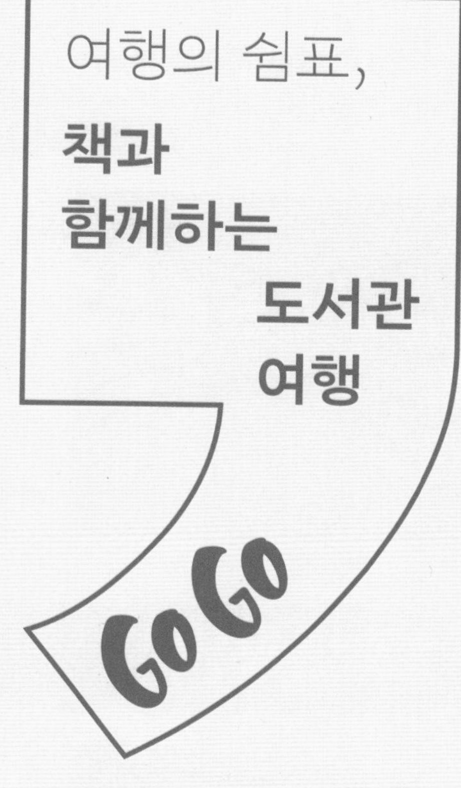

여행의 쉼표, 책과 함께하는 도서관 여행

같이 여행을 가고 싶은 사람들에게 이렇게 질문해 봤습니다.

"온전히 '책을 읽기 위해' 여행을 떠나 보면 어떨까? 3박 4일 동안 아무것도 없는 곳에서 읽고 싶었던 책만 왕창 들고 가는 거야."

돌아오는 대답은 천차만별입니다. 무슨 재미냐며 은근슬쩍 거절 의사를 내비치는 친구, '괜찮은데?' 하며 궁금해하는 사람 등등. 그런데 가끔은 이런 테마로 여행을 시도해 볼 가치가 있다고 생각합니다. 매번 비슷한 여행이 지루하게 느껴질 때 한 가지 목적에 집중한 여행을 해 보는 겁니다. 가방에 옷가지 대신 책을 담아 떠나는 거죠.

자, 그럼 여행지에서 책을 편안히 볼 수 있는 곳은 어디일까요? 서점이나 도서관, 공원, 카페 등 여러 장소가 떠오릅니다. 그중 비용을 지불하지 않고 마음껏 책을 볼 수 있는 곳은 도서관일 겁니다. 어느 지역이든 도서관의 모습은 크게 다르지 않지만, 청주에는 조금 다른 분위기의 도서관들이 있습니다. 복합 문화 공간에 있는 도서관, 호수 뷰가 멋진 도서관, 음악을 들으며 쉬어 갈 수 있는 도서관까지요. 도심에서 멀지 않은 곳에 이런 도서관이 있다니! 그냥 지나칠 수 없겠죠?

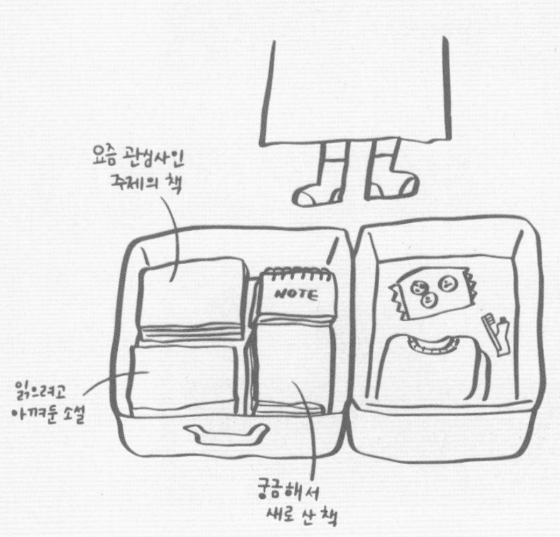

아이와 함께하는 책 여행, 열린도서관

충북 청주시 청원구 상당로 314 문화제조창C 5층
043-241-0651

도서관은 어린이와 함께 여행할 때 가면 더 재밌습니다. 저의 경우 조카가 아주 어릴 때부터 종종 도서관에 함께 가곤 했는데요. 자유롭게 마음에 드는 책을 고르라고 하면서 조카의 관심사를 알아채곤 했습니다. 인터넷이나 유튜브의 알고리즘에서 벗어나 벽장이 모두 책으로 채워진 곳에서 '고르는 즐거움'을 알려 주기에도 완벽합니다.
특히 문화제조창 5층에 있는 '열린도서관'은 어린이를 위한 동화책 코너가 잘 만들어져 있고, 앉아서 읽을 수 있는 자리도 많아서 좋습니다. 도서관을 나와 좋아하는 맛의 아이스크림을 하나씩 먹으면, 그것만으로도 의미 있는 여행이 완성됩니다.

책 읽기를 통한 힐링 장소, 오창호수도서관

충북 청주시 청원구 오창읍 오창공원로 102
043-201-4096

출처 : 청주시청 공식 블로그

호수를 품고 있는 도서관으로 유명한 이곳은 13만여 권의 장서를 보유한 '오창호수도서관'입니다. 호수 뷰가 멋진 곳이라 그런지 청주의 힐링 장소로도 유명하죠. 같은 건물 2층에는 '청주시립미술관 오창전시관'도 있어 함께 둘러보며 유익한 시간을 보낼 수 있습니다. 도서관 근처에 있는 오창호수공원을 산책하는 시간도 꼭 가져 보세요!

음악으로 특화된, 가로수도서관

충북 청주시 흥덕구 서현서로 5
043-201-4235

출처 : 청주시청 공식 블로그

2021년 청주의 14번째 공공 도서관으로 개관한 이곳은 음악으로 특화된 도서관입니다. 그만큼 음악 관련 도서, 악보 등 다양한 자료를 보유하고 있습니다. '가로수도서관'의 하이라이트는 오디오와 턴테이블이 마련된 '힐링 존'입니다! 홈페이지에서 자리 예약 시스템을 통해 예약하면 평소 듣고 싶었던 음악을 들으며 쉴 수 있습니다(단, CD와 LP의 관외 대출은 불가합니다). 이외에도 매거진 존, 커뮤니티 홀 등이 있어 다양한 문화 경험을 할 수 있어요.

1. 요즘 내 관심사를 두세 가지 정도
생각해 본다.

2. 그 주제의 책을 골라 구매한다.
(고르면서 관심사가 생길 수 있음)

여행할 때 읽기 좋은 책 고르는 법

3. 외진 곳에 있어도
숙소가 좋은 곳으로
예약하는 게 좋다.
숙소에서의 시간이 제일 길기 때문!
4. 맛있는 간식과 함께
맛있게 읽는다.
5. 좋았던 내용, 떠오른 생각을 기록한다.
나중에 보면 어떤 모양으로든 도움이 된다.

∘ Cheongju ∘

국립현대미술관 청주

여행에서 미술관을 즐기는 방법 1

Check Point

- 예전 담배공장 건물을 미술관으로 만들었어요.
- 국내 최초의 개방 수장고로, 정부와 미술은행의 소장품을 감상할 수 있어요.
- 수도권 이외 지역에서는 유일하게 청주에만 있는 국립현대미술관이에요.

충북 청주시 청원구 상당로 314 043-261-1400 10:00-18:00(월요일 휴무)

여행에서 미술관을 즐기는 방법

적은 돈으로 값진 경험을 할 수 있는 방법이 있습니다. 저는 자전거를 타거나 수영을 배우면서 그런 경험을 했습니다. 그런데 그 값진 경험을 여행지에서 한다면 더 의미 있지 않을까요? 그래서 제가 선택한 방법은 그곳의 문화예술 공간을 탐방하는 거예요. 지역의 역사를 배울 수 있고, 새로운 문화를 이해하는 데도 도움이 되거든요. 문화예술을 있는 그대로 보고 느끼는 것, 이런 경험은 일상으로 돌아와서도 휘발되지 않고 여행의 기분 좋은 추억으로 남습니다.

서울이나 과천에 있는 국립현대미술관에 가 본 적 있나요? 국립현대미술관은 다양한 문화 행사와 전시를 볼 수 있어서 많은 사람이 찾는 공간이죠. 누구에게나 개방되어 있고(심지어 무료 전시도 많고요), 여러 예술품을 눈으로 즐기며 탁 트인 공간에서 여유롭게 시간을 보낼 수 있으니까요.

'국립현대미술관 청주'가 특별한 이유

그런 '국립현대미술관'이 청주에도 있다는 사실! 알고 계셨나요? 청주에 있는 이곳은 조금 더 특별합니다. 수도권 이외 지역에서는 유일하게 개관했고, 국내 최초 '수장고'라는 개념으로 설계되었기 때문이에요. 수장고는 원래 일반인의 출입이 어려운 곳입니다. 전시 기간 동안 외부에 노출된 작품들을 알맞은 습도와 온도에 맞춰 보존해야 하기 때문이죠. 그런 곳을 둘러볼 수 있다니, '국립현대미술관 청주'만의 특별함인 것 같습니다.

수장형 미술관인 만큼 일반 미술관과는 조금 다른 모습입니다. 작품 수도 일반 미술관보다 많은 편이고요. 국내 유일 '보존 과학실'도 갖추고 있어요. 특히 미술관의 소장품을 보관하는 비밀스러운 공간을 볼 수 있도록 해 '열린 미술관'이라고도 불립니다. 개방 수장고에 가득 놓인 작품들을 가까이에서 보고 있으면, 마치 나만의 컬렉션을 수집하러 온 것 같은 기분이 들기도 하죠.

작품의 수장과 보존에 특화된 미술관

넓은 잔디광장을 옆에 두고 반듯하게 설계된 건축 형태와 옥상에 설치된 파란 물탱크 3개가 매우 독특합니다. 사실 '국립현대미술관 청주'는 옛 연초제조창의 본관 부속건물이었습니다. 담배를 생산하고 보관하는 역할을 했던 곳이죠. 현재는 문화제조창과 같이 도시재생산업의 하나로 재탄생되어 청주의 문화예술 랜드마크로 거듭나고 있습니다.

1층은 개방 수장고와 팝업 수장고로, 회화, 조소, 공예 등 방대한 양의 작품이 보관되어 있습니다. 나무, 돌, 흙, 철, 플라스틱 등 다양한 재료로 만들어진 작품들이 어떻게 보존되는지, 같은 재료가 각각 어떻게 표현되었는지 살펴볼 수 있어 흥미로워요. 2층과 4층 수장고 역시 유리창을 통해 대표 소장품의 수장, 보존 상태를 관찰할 수 있고요. 특히 4층에는 국립현대미술관이 1971년부터 수집해 온 약 1,600여 점의 소장품을 볼 수 있습니다. 일반 미술관에서는 볼 수 없었던 부분까지 볼 수 있도록 해 확장된 개념의 미술관이라는 생각이 들었어요. 3층 '라키비움(Larchiveum)'은 도서관(Library), 아카이브(Archive), 뮤지엄(Museum)의 합성어로, 국립현대미술관의 소장품을 중심으로 근현대 미술의 다양한 콘텐츠를 수집, 관리하고 있어요. 모든 자료는 라키비움 내에서 자유롭게 열람이 가능합니다. 같은 층에 있는 '보이는 보존 과학실'은 미술품을 어떻게 보존 처리하는지 원리와 방법을 알려 주어 신기했습니다.

전시를 보고 난 뒤에는 한쪽에 마련된 크고 작은 프로그램에도 참여할 수 있습니다. 제가 방문했을 땐 '우편으로 배달하는 미술관'이라는 주제로 테이블 위에 엽서가 마련되어 있었어요. 엽서에 편지를 써서 귀여운 스티커를 붙이고 우체통에 넣으면 한 달 뒤에 보내 주는 이벤트였죠. 방문하게 된다면 이런 소소한 것들도 놓치지 말고 참여하면 좋을 것 같아요!

전시를 본 후에는 맛있는 음식을!

전시를 쭉 둘러보고 나면 허기가 지기 마련이죠. 그럴 때 저는 근처 맛집을 찾아보곤 하는데요. 이번엔 '국립현대미술관 청주' 주변 식당을 찾아가 보았습니다. 근처에 청주대학교가 있어서인지 부담 없이 밥을 먹을 수 있는 가게들이 많았습니다. 대부분 점심때 오픈하고, 오후 늦게 문을 여는 곳도 꽤 있어요. 그중 제가 가 본 곳, 가 보고 싶었던 곳, 다음에 가 볼 곳으로 저장해 놓은 몇몇 식당을 소개합니다!

일면식

해를 마주할 수 있는 분위기 좋은 카페

'국립현대미술관 청주' 뒤쪽에 있는 조용한 카페입니다. 간판도 조그맣고, 한적한 골목길의 상가 3층에 위치해 있어 숨은 카페를 발견한 것 같았어요. 커피와 휘낭시에 맛집으로 유명한데요. 해 질 녘에는 뉘엿뉘엿 지는 해를 볼 수 있어 이곳의 분위기를 좋아하는 분들이 많다고 해요.

충북 청주시 청원구 덕벌로 43 영빌딩 3층
0507-1345-3024
12:00-22:00(수요일 휴무)

원산대반점

평범하지만 확실한 맛의 오래된 중식집

겉보기에는 허름해 보이지만, 오랫동안 동네 사람들의 사랑을 받아 온 곳이에요. 열댓 명만 앉을 수 있는 작은 공간이 점심시간 내내 사람들로 북적였습니다. 누구나 알 법한 평범한 맛이지만 동시에 '중식' 하면 떠오르는 확실한 맛이라 그런가 봅니다.

충북 청주시 청원구 안덕벌로49번가길 6
0507-1395-9290
11:00-19:00(화요일 휴무)

금용

대를 이어 운영 중인 돌짜장 맛집

'국립현대미술관 청주'에서 조금 걸어가면, 1985년부터 대를 이어 운영 중인 '금용'이 있습니다. 뜨거운 돌판에 나오는 짜장면과 비트로 소스를 만든 분홍빛의 비트 탕수육이 인기 메뉴입니다. 셀프바에서 계란프라이도 직접 해 먹을 수 있고, 매운 어묵도 가져다 먹을 수 있어요. 여럿이서 푸짐하게 먹고 싶다면 주저 없이 이곳을 추천할 만큼 양과 맛 모두 만족할 만한 곳이에요!

충북 청주시 청원구 내덕로 33 1층
0507-1408-0765
11:00-20:00(월요일 휴무)

청주미식

청주(清酒)와 어울리는 맛집

느지막이 오후에 전시를 보고 나와 술과 함께 맛있는 요리를 먹고 싶다면, '청주미식'을 추천합니다! 닭구이부터 전골, 파스타, 감태주먹밥까지 맛있는 메뉴가 가득한 곳입니다. 겉바속촉 닭구이, 신선한 채소와 고기가 듬뿍 담겨 나오는 전골, 감칠맛 가득한 감태주먹밥, 모두 청주와 어울리는 음식들이에요.

충북 청주시 청원구 율량로190번길 71
비토프라자 2층 204호
070-8691-4471
17:00-새벽 1:00(일요일 휴무)

◦ Cheongju ◦

수암골

골목골목 추억이 깃든 동네

Check Point

- 수암골 전망대에서 청주 시내를 한눈에 내려다볼 수 있어요.
- 전망 좋은 곳곳에 카페거리가 조성되어 있습니다.
- 정겹고 귀여운 골목길, '수암골 벽화마을'도 둘러보세요!

충북 청주시 상당구 수암로56번길 13-6

전망대에서 내려다보는 청주 시내

좋은 풍경을 보기 위해서는 높이 올라가야 합니다. 청주의 중심을 한눈에 내려다볼 수 있는 수암골도 그렇습니다. 걸어서 가려면 체력이 조금 필요하고, 차로 가려면 구불구불한 길 때문에 운전 실력과 주차 능력이 필요해요. 그래도 막상 가면 올라오길 잘했다 싶을 거예요. 탁 트인 멋진 풍경이 기다리고 있으니까요.

특히 수암골에는 청주 시내가 한눈에 보이는 창밖의 전망을 보면서 커피를 마실 수 있는 카페들이 많습니다. 카페 거리가 조성될 만큼 다양한 카페들이 있어 청주의 핫플레이스로도 주목받고 있습니다.

우암산 자락에 위치한 수암골은 사실 6·25전쟁의 피난민촌이자 달동네로, 서민들의 고단함이 묻어 있는 곳이기도 합니다. 전쟁 당시 피난민들이 판잣집을 지으면서 마을이 형성되었고, 지금까지도 다수의 지역 주민들이 이곳에 살고 있답니다.

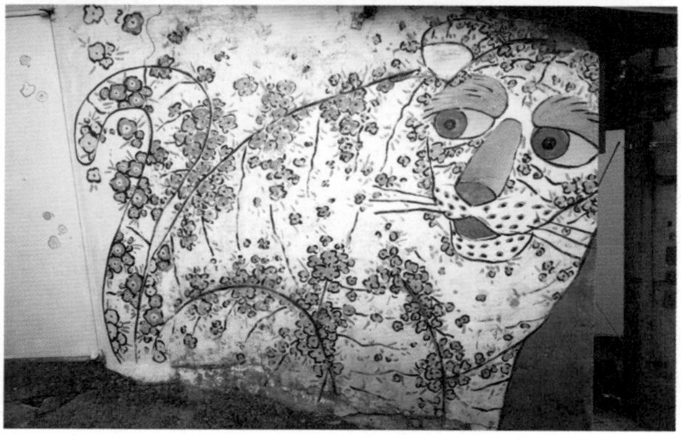

PC
돌아

골목길에 숨은 이야기들

수암골의 대로변을 지나 조금 더 안쪽으로 들어가면 오래된 골목이 그대로 보존된 '수암골 벽화마을'이 나옵니다. 이곳이 주목받기 시작한 것은 2007년 공공미술 프로젝트 사업으로 지역 예술가들이 골목골목 그림을 그리기 시작하면서부터라고 해요. 주민들의 애달픈 삶의 풍경을 돌계단과 담벼락에 담아내면서 골목 사이사이가 귀엽고 따뜻해졌습니다. 골목 풍경이 독특해서 드라마와 영화 촬영지로도 인기를 끌었는데요. 〈제빵왕 김탁구〉, 〈카인과 아벨〉, 〈영광의 재인〉 등의 촬영지로 알려지면서 이곳의 풍경을 담기 위해 사람들이 몰려들기도 했다고 해요.

벽화마을을 한 바퀴 둘러보고 내려오는 길에는 '표충사'가 있습니다. 1782년 이인좌의 난 때 청주성을 지키다 전사한 세 명의 장수 이봉상, 남연년, 홍림의 충절을 기리기 위해 세워진 곳입니다. 청주에는 곳곳에 오래된 사당들이 많아 쉽게 볼 수 있는데요. 지나가다 발견하면 꼭 한번 들어가 보세요! 옛집에 남은 선조들의 자취를 느낄 수 있으니까요.

동화 같은 마을, 수암골 일대 산책하기

김수현드라마아트홀

김수현 작가의 작품들을 만날 수 있는 문화 공간

수암골 '드라마길'을 따라가다 보면 나오는 이곳은 '언어의 마술사'라 불리며 오랫동안 한국 드라마를 이끌어 온 김수현 작가의 작품들을 감상할 수 있는 공간이에요. 대표작, 명장면, 드라마 대본, 다양한 영상 자료를 볼 수 있고요. 다목적홀에서는 매주 수요일(14:00-16:00) 수요드라마극장이 열려 재미있게 관람할 수 있어요.

충북 청주시 상당구 우암산로41번길 21
043-225-9262 10:00-18:00(월요일 휴무)

네오아트센터

수암골 중심에 자리한 상업 갤러리

2023년 4월에 개관한 이곳은 중부권 최대 규모의 상업 갤러리 '네오아트센터'입니다. 600평 공간에 4개의 실내 전시관과 야외 전시장, 야외 공연장과 카페테리아를 갖춘 문화공간으로, 수암골의 문화예술 랜드마크로 떠오르는 곳이에요. 지역 작가들의 다채로운 예술품을 맘껏 감상할 수 있답니다!

충북 청주시 상당구 수암로 37 070-4441-7150 11:00-19:00(월요일 휴무)

성공회성당

청주의 역사를 간직한 건축물

1935년에 건립되어 청주의 역사를 고스란히 품고 있는 성당입니다. 한국의 전통 건축 양식과 서양의 성당 양식을 혼용해 지어진 것이 특징이며, 원형 그대로 잘 보존되어 있어요. 주변에는 산책로가 있어 천천히 걸으며 청주 전경을 보기에도 좋습니다.

충북 청주시 상당구 교동로47번길 33

청주향교

선조들의 교육을 담당하던 곳

'청주향교'는 고려시대부터 조선시대까지 교육기관이던 곳으로, 유형문화재 제39호에 지정되어 있습니다. 향교의 첫 대문인 붉게 솟은 홍살문을 지나면 대성전으로 가는 계단이 보입니다. 학생들이 공부하던 명륜당을 지나 계단을 오르면 가장 높은 곳에 위치한 대성전에 도착합니다. 대성전에서 내려다보는 골목길이 무척 정겹습니다. 이곳에는 문화관광해설사가 상주해 있어 관련 설명을 들으며 관람하면 더욱 알찬 시간을 보낼 수 있어요.

충북 청주시 상당구 대성로122번길 81 0507-1357-3365 9:00-17:00

충북문화관 문화의 집

도심 속 문화예술 쉼터, 숲속 갤러리

'청주향교'에서 조금 내려오다 보면 1939년에 건립된 도지사 관사를 개방해 만든 '문화의 집'도 구경할 수 있습니다. 일제시대에 지어진 건물이라 일본식 건축 양식과 다다미를 볼 수 있습니다. 내부에는 충북을 대표하는 문인 12인의 일대기와 대표 문학 작품들이 전시되어 있고요. 옆에는 작은 전시를 여는 '숲속 갤러리'도 운영하고 있어 함께 둘러보기에 좋아요.

충북 청주시 상당구 대성로122번길 67 충북지사관사
043-223-4100 평일 10:00-19:00, 주말 10:00-18:00

다락방의 불빛

오랫동안 수집한 LP가 가득한 감성 카페

향교길에는 복합 문화 센터 역할을 하는 독특한 카페도 있습니다. 1층에는 카페 사장님이 오랫동안 수집한 LP들이 가득하고, 2층은 예술인들을 위한 전시 공간으로 운영되고 있어요.
문화기획자로 활동하며 다양한 전시와 공연을 기획하는 사장님의 행보에서 문화예술을 즐길 수 있는 향교길을 만들고자 하는 마음이 느껴졌습니다.

충북 청주시 상당구 대성로122번길 58
010-3927-8487 11:00-22:00

'빵'에 진심인 사람을 위한 '청주 빵지 순례'

어딜 가든 해당 지역에 있는 맛있는 빵집을 찾아다니는 것을 '빵지 순례'라고 합니다. '하늘 아래 같은 빵은 없다'는 믿음과 빵에 대한 애정으로 새로운 빵, 더 맛있는 빵을 찾아다니는 거죠. 청주의 빵집 중에서도 다양한 종류의 빵과 디저트를 맛볼 수 있는, 소문난 가게들을 모아 모아서 소개합니다!

종달새빵집

아침 일찍 만든 크루아상을 파는 곳

사장님이 홀로 직접 빵도 굽고 판매도 하는 작은 가게로, 갓 구운 큼직한 크루아상을 종류별로 맛볼 수 있습니다. 크루아상이 가장 유명하지만, 버터 프리첼도 맛있어요. 매장에는 하나의 테이블만 있어 테이크아웃 하는 게 일반적입니다.

충북 청주시 청주시 상당구 대성로 154 0507-1336-7441 8:00-18:00(일, 월요일 휴무)

TIP> 오픈 후 빵이 모두 소진되면 마감한다고 하니, 늦지 않게 방문해야 해요.

장미양과

주택을 개조해 만든 디저트 카페

가게 안으로 들어서면 먼저 커다란 쇼케이스가 보입니다. 바게트, 타르트, 조각 케이크, 샌드위치 등 눈이 휘둥그레질 정도로 그 수가 많은데요. 디저트 종류만 해도 서른 가지가 넘어 고르는 재미가 있는 곳입니다(메뉴마다 번호가 적혀 있어요). 특히 '에끌레어'가 유명한데, 사실 어느 것 하나 맛있지 않은 게 없어요!

충북 청주시 흥덕구 1순환로549번길 101
0507-1341-3419 10:00-20:00

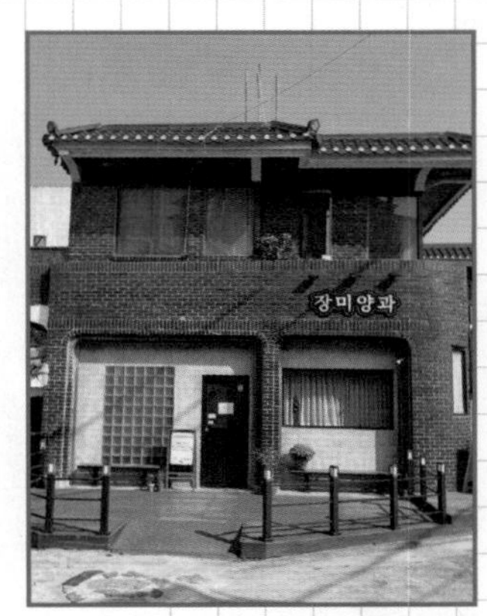

TIP> 빨간 벽돌의 오래된 주택을 개조해 만든 곳이라 거실과 방에서 빵을 먹는 듯한 느낌이에요.

흥덕제과

비교 불가 샌드위치와 치아바타 맛집

잠봉뵈르와 치아바타 샌드위치, 고구마 크림치즈 캄파뉴, 갈릭 치즈 브레드 등 맛있어 보이는 빵이 많습니다. 가격이 합리적이고 맛도 있어 인기가 많은 곳입니다.

충북 청주시 상당구 산성로55번길 35 070-8691-1725 9:30-19:30

TIP> 로컬 빵집이지만 청주에만 4개 지점이 있어서 여행 중 가까운 곳에 들르면 좋을 것 같아요.

흥흥제과

과일 타르트와 당근 케이크가 맛있는 제과점

블루리본 서베이에서 5년 연속 블루리본을 받은 검증된 디저트 맛집. 생과일이 듬뿍 올라간 타르트는 먹음직스러운데, 보이는 것처럼 맛도 감동적입니다! 1층에서 주문한 후 계단을 이용해 2층으로 올라가서 기다리면 직원이 주문한 메뉴를 직접 가져다주어 편하게 이용할 수 있어요.

충북 청주시 상당구 중앙로 5-3
070-8827-7058 12:00-21:00(첫째 주 월요일 휴무)

TIP> 본점 외에도 가경동 NC백화점에 입점해 있으니, 여행 동선에 맞춰 방문해 보세요.

안셈

사워도우를 이용해 천연 발효빵을 만드는 빵집

이미 빵순이, 빵돌이 사이에서 입소문 난 빵집, '안셈'은 바게트와 다양한 통밀빵, 팥버터가 맛있는 곳으로 유명합니다. 초코팥, 초코팥버터 등 단맛의 빵도 인기 있지만, 소금빵, 통밀빵 등 담백한 맛의 빵들도 인기가 많아요. 건강까지 생각한 빵 덕분에 인기 메뉴는 금세 품절된다고 합니다.

충북 청주시 상당구 사직대로361번길 14-6
043-212-4948 12:00-21:00(화, 수, 일요일 휴무)

TIP> 1,000원을 추가하면 선물 포장도 가능합니다.

메릴본 케이크

다양한 맛의 케이크와 차를 즐길 수 있는 케이크 전문점

청주 성안길에 있는 '메릴본 케이크'는 부드럽고 달콤한 케이크를 맛볼 수 있는 곳이에요. 몽블랑, 복숭아 생크림 등 시즌에 따라 판매되는 제품도 달라지고요. 카페 내부도 아기자기하고 따뜻한 분위기여서 늘 사람들로 북적인답니다. 특별한 날을 기념하고 싶다면 홀 케이크도 미리 예약할 수 있어요!

충북 청주시 상당구 사직대로361번길 14-9 2층
0507-1369-5155 12:00-22:00

TIP> 근방에는 이곳의 사장님이 운영하는 타르트 전문점 '버터레터'도 있으니, 함께 방문해 보세요.

키프키프

크로플과 도넛의 만남, '크로넛'으로 유명한 곳

도넛 모양의 크로플에 코코넛, 생크림, 캐러멜시럽 등이 토핑된 디저트로 유명한 베이커리 카페입니다. 타지에서 많은 사람이 찾아올 정도로 이미 소문난 곳인데요. 크로넛 외에도 다양한 마카롱, 크로플을 맛볼 수 있어요. 감성적이고 모던한 매장 분위기도 인기 있는 이유 중 하나라고 합니다!

충북 청주시 상당구 교서로 8-2 1층
010-8261-9596 12:00-22:00

TIP> 늦게 가면 조기 품절될 수 있으니, 오픈 시간을 꼭 체크하세요!

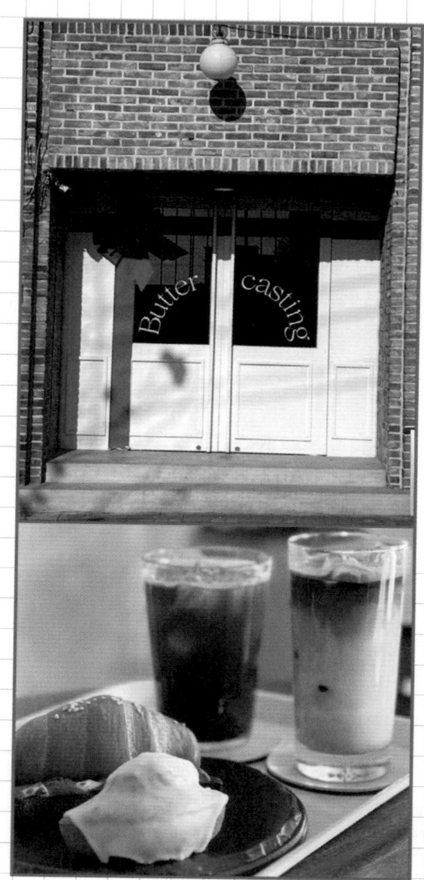

버터캐스팅

바삭하고 짭조름한 소금빵이 있는 베이커리 카페

여러 종류의 베이커리를 판매하기보다는 소금빵과 휘낭시에에 집중해 꾸준히 사랑받고 있는 곳입니다. 카페 안으로 들어서면 고소한 버터 향이 가득한데요. 내부에는 테이블이 많지 않아 포장해 가는 분도 많아요. 겉은 바삭하고 안은 쫀득한 소금빵을 한번 먹어 보면 인기 있는 이유를 알게 될 거예요. 카페에서 소금빵을 먹는다면 시그니처 메뉴인 아몬드 크림라떼도 함께 맛보길 추천합니다!

충북 청주시 상당구 대성로122번길 17-1 1층
0507-1395-5748 11:00-19:30(금요일 휴무)

TIP> 소금빵은 1인 4개로 구매 제한이 있고, 디저트 소진 시 조기 마감한다고 합니다.

비올라

다양한 마카롱을 맛볼 수 있는 디저트 카페

열 가지가 넘는 다양한 종류의 마카롱으로 유명한 디저트 카페입니다. 특히 고급스러운 유럽풍 인테리어가 멋져 분위기 좋은 카페를 찾는 분들에게 인기가 많아요. 달콤한 마카롱 외에도 파운드나 마들렌 등 다른 베이커리도 맛볼 수 있고요. 직접 로스팅한 원두로 내린 커피는 물론 논커피 음료도 다양하게 준비되어 있습니다.

충북 청주시 상당구 사직대로361번길 30 신성빌딩 1층
043-221-6077 11:00-22:00

TIP> 차를 가지고 왔다면, 근처 청주공고 옆 공영주차장을 이용하면 편하답니다.

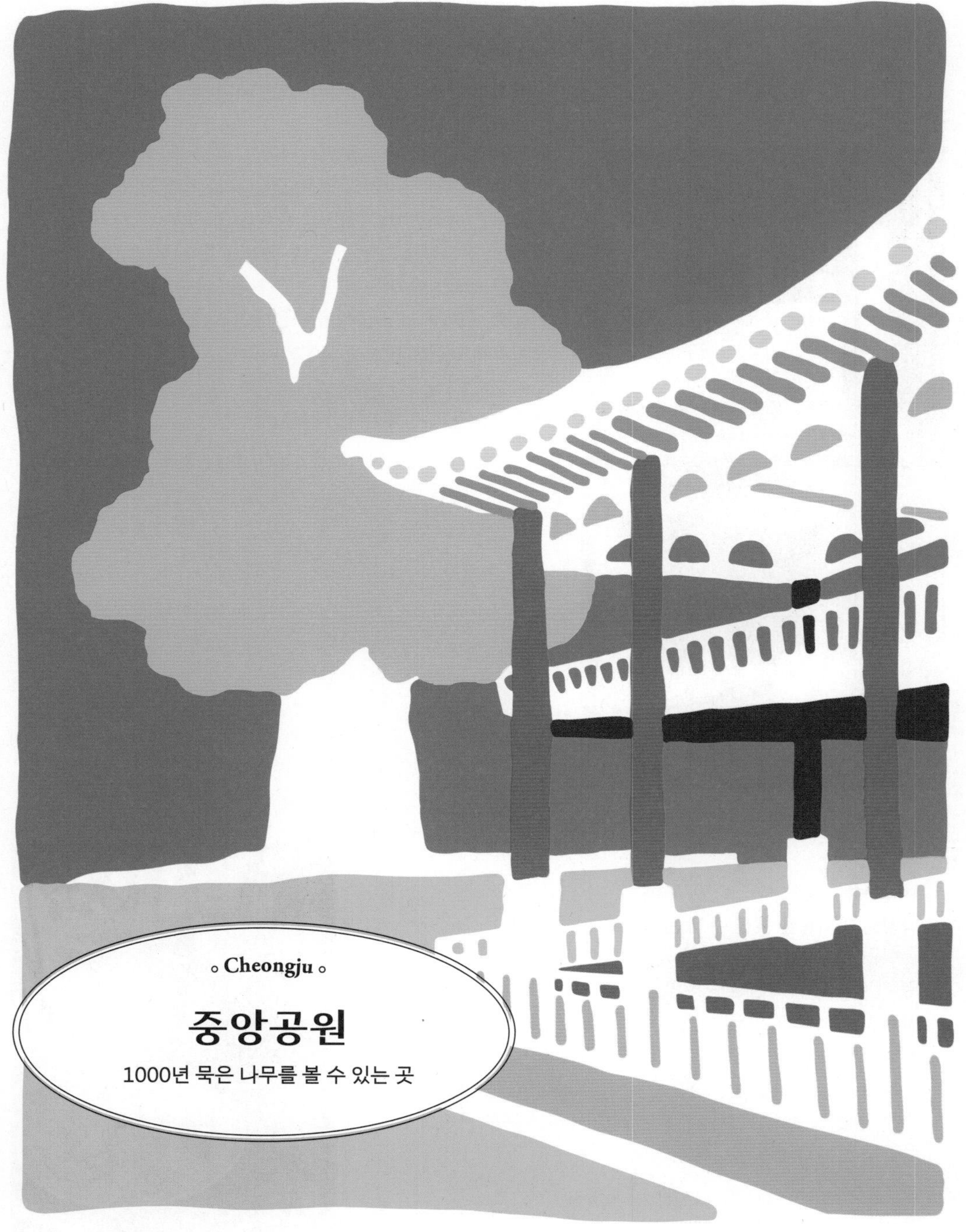

Check Point

- 청주읍성의 중심지였던 중앙공원의 역사를 알고 가면 더 좋습니다.
- 1000년 된 웅장한 은행나무와 청주에서 가장 오래된 목조 건축물을 볼 수 있어요.
- '청녕각', '철당간'을 찾아보는 재미도 있습니다.

충북 청주시 상당구 남사로 117

문화 유적을 간직한 휴식 공간

청주의 '중앙공원'은 다른 도시의 공원들과는 조금 다른 분위기가 납니다. 분명 도심 속에 있는데, 과거를 그대로 품은 듯한 느낌이 들기 때문이에요.

알고 보니 이곳은 과거 청주읍성의 중심지로, 임진왜란 당시 육전 최초의 승전보를 쓴 곳이라고 합니다. 당시 청주읍성은 둘레가 1,640m, 높이가 4m에 달하는 큰 성이었지만, 아쉽게도 일제의 침략과 함께 흔적조차 없이 사라졌습니다.

중앙공원에 오면 가장 먼저 눈에 띄는 건 커다란 은행나무입니다. 충북기념물 제5호이기도 한 이 나무는 무려 1000년 동안 중앙공원을 지켜오고 있다죠. 잎의 모양, 혹은 줄기와 땅이 만나는 부분이 오리발을 닮았다고 해서 '압각수'라 불립니다. 나무를 올려다보니, 보는

것만으로도 든든함이 느껴지네요. 마치 이 나무가 이곳에서 휴식을 취하거나 오가는 사람들을 지켜 주는 것 같습니다. 가을에는 은행 열매가 굉장히 많이 열린다고 하는데요. 아직도 건강하게 살아 있다는 증거겠죠? 특히 중앙공원은 넷플릭스 오리지널 드라마 〈더 글로리〉의 촬영지로 알려지면서 이곳을 찾는 사람이 더 많아졌습니다. 극 중 문동은(송혜교 분)과 주여정(이도현 분)이 공원 한가운데에서 바둑을 두는 모습이 사계절로 나뉘어 나왔는데, 그 배경이 아름다워 주목받은 것이죠.

그 양옆에는 오래된 목조건물이 2개나 있고, 좀 더 둘러보면 충북유형문화재 제136호인 '조헌 전장기적비'를 비롯해 '서원향약비', '순교자 헌양비' 등 비석도 여러 개 보입니다.

압각수 앞에는 충북유형문화재 제15호인 '병마절도사영문'이 있습니다. 왜군의 침입을 막고 전쟁 시에는 총사령본부 역할을 하던 곳입니다. 조선시대 출입문 양식을 보여 주는 성곽 건축물이죠. 그래서인지 2층으로 올라가는 계단이 보이지 않습니다.

고개를 돌리면 크고 웅장한 건물이 보입니다. 바로 '망선루'입니다. 고려시대에 지어진 목조 건축물로 약 700년쯤 된 것으로 추정합니다. 일제 때 허물어졌지만, 망선루의 목재와 기와 등 자재를 인수한 제일교회 청년회 덕분에 다시 복원되었다고 해요. 청주에 남아 있는 목조 건축물 가운데 가장 오래된 건물입니다.

공원 밖으로 나오면 성곽 일부를 재현한 모습도 볼 수 있습니다. 길을 걷다가 청주시청 임시청사가 보이면 꼭 한번 둘러보세요. 이곳에 '청녕각'이라는 문화재가 자리 잡고 있으니까요. 청녕각은 조선시대 지방관들이 정무를 집행하던 관아 건물로, 정면 7칸, 측면 4칸, 모두 28칸으로 이루어져 있습니다. 그 옛날 사람들은 이곳에서

어떤 모습으로 일을 했을까요? 상상해 보면 재미있습니다. 건물의 한쪽 면은 완전히 열린 형태로, 내부를 들여다볼 수 있습니다.

마지막으로 중앙공원 근처에는 국보 제41호 '철당간'이 있는데요. 정확한 명칭은 '용두사지 철당간'입니다. 지금은 없지만, 원래 이곳에 '용두사'라는 사찰이 있었고, 사찰 앞에 있던 철로 된 당간(깃발을 매달아 두는 곳)이 아직 남아 있는 것이죠. 실제로 보면 높이가 굉장한데요. 팔관회 등 사찰의 큰 연례행사가 있을 때 괘불을 이 당간에 걸어 두어 분위기를 돋우었다고 합니다.

성안길에서 도심 속 여유 즐기기

EAT

Spot 1 APM떡볶이

충북 청주시 상당구 상당로59번길 37-2 043-256-5671 11:00-19:30

쫀득쫀득 떡볶이 달인의 집

청주의 '성안길'에는 인기 많은 떡볶이집이 두세 군데 있습니다. 저는 즉석떡볶이보다 큰 철판에다가 소스와 함께 버무려 비닐을 씌운 접시에 담아 주는 떡볶이를 좋아해서 'APM떡볶이'를 찾아갔어요. 떡볶이와 함께 튀김을 주문하면 떡볶이 소스에 버무려 먹을 건지 그냥 먹을 건지 선택할 수 있는데, 저는 갓 튀긴 튀김이 너무 맛있어 보여 평소와 다르게 간장에 찍어 먹었습니다.

Spot 2 쫄쫄호떡

바삭하고 달콤한 청주의 명물

쫄깃하고 쫀득해서 '쫄쫄호떡'이라 불리는 이 호떡은 보통의 호떡과는 조금 다릅니다. 굽지 않고 기름을 넉넉하게 부은 크고 넓은 팬 위에 튀기듯 만든 호떡이어서 겉은 바삭하고 속은 쫀득하며, 설탕 반죽 덕분인지 그 자체로 단맛이 납니다. 폭신한 반죽 사이로 으깬 땅콩이 든 꿀이 흘러나오는 보통의 호떡을 기대했다면 쫄쫄호떡과는 거리가 멀답니다! 한입 베어 물면 '호떡이 이럴 수 있나?' 싶을 정도로 식감이 다르지만, 먹다 보면 왜 인기가 있는지 알 수 있어요. 줄줄 흐르는 속을 싫어하는 사람이라면 더더욱 공감할 겁니다.

충북 청주시 상당구 상당로55번길 40-1
043-221-2208 11:00-19:30(수요일 휴무)

Spot 3 신미만두

충북 청주시 상당구 교동로3번길 52 043-253-3726 11:00-19:00(일요일 휴무)

고소한 볶음만두와 진한 육수의 가락국수

이곳의 메뉴판에는 볶음만두와 물만두, 가락국수 딱 세 가지 메뉴만 있습니다. 이름만 들으면 이게 무슨 음식인지 살짝 헷갈리는데요. 실제로 본 볶음만두는 기름에 튀긴 군만두에 가깝고, 물만두는 만둣국처럼 나옵니다. 가락국수는 우동과 비슷하고요. 모든 메뉴가 꾸밈없이 기본에 충실한 맛으로, 제가 사는 동네에 이런 가게가 있다면 매주 가고 싶을 것 같아요.

Spot 4 소로리

깔끔하고 정갈한 한식 한 상

'소로리'는 간판부터 내부까지 오래된 목조 가옥을 현대식으로 꾸민 듯 단정한 느낌의 인테리어가 매력적인 가게입니다. 주메뉴는 솥밥과 메밀김밥으로, 음식이 정갈하고 먹기 좋게 차려 나와서 눈으로도 즐기며 천천히 먹고 싶은 기분이 듭니다. 작고 아담한 가게에서 정성껏 만들어 내온 음식을 맛보는 즐거움, 이런 게 모두 맛에서 느껴지는 것 같아요.

충북 청주시 상당구 상당로131번길 7-2 1층
0507-1441-0024 11:30-20:30(월요일 휴무)

Spot 5 태그원

충북 청주시 상당구 상당로115번길 36 0507-1468-4585 10:30-23:00

골목 안 화이트 톤의 대형 카페

멀리서 보아도 외관부터 눈에 띄는 '태그원'. 이곳의 시그니처인 입구의 큰 회전문을 돌아 안으로 들어가면, 빈티지하고 아기자기한 소품들로 꾸며진 공간이 보입니다. 모든 곳이 포토존이 될 만큼 감성적인 인테리어가 돋보이는데요. 디저트 종류도 많아서 취향에 맞게 골라 먹을 수 있어요!

Spot 6 아틀리에드꼴

충북 청주시 상당구 상당로121번길 43 1층 0507-1379-6703 12:00-22:00

소품숍이면서 카페인 매력적인 공간

하얗고 큰 건물에 통창, 멀리서 보아도 안이 궁금해지는 이곳은 소품숍 겸 카페인 '아틀리에드꼴'입니다. 입구에 걸린 집 모양의 빨간색 작은 간판이 무척 귀여운데요. 내부로 들어서면 비비드한 컬러의 테이블과 의자가 밝은 분위기를 더해 줍니다. 다양한 소품과 티셔츠, 문구용품 등 소장 욕구를 불러일으키는 감각적인 제품들이 가득하니 가게 이곳저곳을 구경해 보세요!

Spot 7 헬로우릴라

파란색 간판의
귀여운 소품이 가득한 숍

귀여운 소품을 좋아하는 여행자라면 절대 그냥 지나치지 못할 곳이에요! 파란색 간판이 멀리서도 눈에 띄는 이곳은 소품숍이면서 나만의 키링을 만들 수 있는 공방입니다. 마음에 드는 팬던트와 고리를 고르면 사장님께서 바로 연결해 준답니다.

충북 청주시 상당구 상당로59번길 60 1층
0507-1346-0990
12:00-20:00(월요일 휴무)

Spot 8 로웨더

트렌디한 감성의 생활용품이 있는 편집숍

데일리로 착용할 수 있는 액세서리, 생활용품, 의류, 그릇 등을 판매하는 가게입니다. 넓은 내부는 진열장과 테이블로 구역이 잘 나뉘어 있어요. 귀여운 잡화부터 장식품까지 마음을 사로잡는 아이템들이 가득한 곳이에요!

충북 청주시 상당구 사직대로361번길 27-1
0507-1379-1747 13:00-20:30

Spot 9 노티스

다꾸들의 성지,
아기자기한 물건이 가득한 소품숍

'노티스'는 지하상가 쪽 '오후의 제과점' 건물 2층에 본점이 있고, 청소년 광장 방향으로 올라가다 보면 2호점(북문점)이 있습니다. 파우치, 가방, 컵 등 문구용품 외에도 다양한 물건이 있어요. 본점과 2호점에서 판매하는 상품이 조금 달라서 두 곳 모두 구경하길 추천합니다! 평소 다이어리 꾸미기를 좋아하는 사람이라면 절대 그냥 지나칠 수 없는 것들로 가득하니까요.

충북 청주시 상당구 사직대로361번길 1 2층
0507-1392-2399
12:30-19:30(화요일 휴무)

Spot 10 하이퍼마켓

와인, 식료품을 구매할 수 있는 라이프 스타일숍 겸 카페

오래된 건물 외관과는 달리 내부 인테리어가 멋진 곳이에요. 초록색 식물, 모던한 스타일의 테이블과 의자가 어우러져 아늑한 분위기를 자아냅니다. 커피, 와인, 식료품 등 일상생활에 필요한 제품들은 물론 카페 안쪽에 진열된 주류, 잡화 등도 모두 구매할 수 있습니다.

충북 청주시 상당구 중앙로 5-8 2층 0507-1308-1478 12:00-22:00

◦ Cheongju ◦

육거리종합시장

로컬 시장을 구경하는 즐거움

Check Point

- 전국 5대 재래시장에 꼽힐 만큼 규모가 큰 곳이에요.
- 6개의 길이 만나는 곳에 있어 '육거리시장'이라 이름 붙였다고 해요.
- 청주 시내에 있어 방문이 편리합니다.

충북 청주시 상당구 석교동 131 　 043-222-6696

출처 : 청주시청 공식 블로그

여행에서 시장을 구경하는 재미

어디든 여행을 가면 시장을 구경하는 재미를 빼놓을 수 없습니다. 신선한 과일과 채소, 해산물, 육류부터 구수하면서 화려한 패션까지 모두 다 둘러볼 수 있죠. 플라스틱 상자에 포장되지 않은 제철 농산물을 하나씩 골라 장바구니에 담을 수도 있고요.

청주에도 '육거리종합시장'이라는 아주 큰 시장이 있습니다. 이름이 '육거리' 종합시장이라고 해서 돼지고기나 소고기를 대표로 하는 시장인 줄 알았는데, 알고 보니 여섯 갈래의 길이 만나는 곳에 위치해서 붙여진 이름이라고 합니다. 실제로 여러 길이 만나는 곳에 입구가 있고, 청주의 중심가인 성안길과도 가까워서 굉장히 복작복작한 분위기입니다.

지금은 도로가 재정비되면서 사거리로 바뀌었지만, 지도를 보면 골목길 2개가 더 있답니다. 전국 5대 재래시장에 꼽힐 만큼 규모가 큰 곳이에요.

싱싱한 식재료와
정겨움이 가득한 시골 장터

가을에서 겨울로 넘어가는 계절에 방문했더니, 이 시기에 수확되는 과일들이 많았어요. 10-11월에만 먹을 수 있는 감홍 사과, 당도 높은 부사, 곶감으로 만들기 전에 맛볼 수 있는 대봉도 이때만 볼 수 있는 제철 과일이죠. 알맞게 익은 과일들을 맛볼 수 있으니 얼마나 좋은 기회인가요. 이것 말고도 볼거리가 많은데요. 농작물별로 씨를 파는 곳, 직접 딴 버섯과 각가지 채소를 파는 곳도 눈길을 끌고요. 아이들의 발길을 잡는 귀여운 인형 가게, 생필품을 잔뜩 쌓아 놓고 파는 가게도 사람들로 북적입니다. 간단하게 먹을 수 있는 호떡, 만두, 떡볶이 등을 파는 데도 곳곳에 있어 쉬며 둘러볼 수 있어요.

재래시장의 묘미는 개별로 포장되어 있지 않고 쌓여 있는 물건들, 지역 특산물과 제철 식재료들을 저렴한 가격에 고를 수 있고, 없는 게 없어 사고 싶은 게 있다면 바로 살 수 있다는 점입니다. 물론 발품을 팔아야 하지만요.

사야 할 게 없더라도 고개를 돌리면 구경거리가 많아요. 이것저것 물건을 구경하다 보면 시간이 금방 흘러가죠. 그러다 생소한 식자재나 처음 본 물건을 만날 수도 있고, 구경하다 독특한 물건을 하나 발견해서 사 두고 나중에 꺼내 보며 그날의 여행을 기억하는 재미도 있죠. 이때, 시장의 매력을 아는 사람과 함께한다면 더 유쾌하고 즐거운 여행이 됩니다!

출처 : 청주시청 공식블로그

육거리종합시장
맛집 투어

금강설렁탕

KBS1 〈6시 내 고향〉, tvN 〈서울촌놈〉에도 소개되며 더욱 유명해진 현지인 추천 맛집입니다. 중소벤처기업부에서 우수성과 성장 가능성을 인정받은 '백 년 가게'이기도 해요. 설렁탕과 수육이 주메뉴로 50년 이상 명맥을 유지하며 사랑받아 온 곳이에요. 진하게 우린 뽀얀 국물은 잡내 없이 담백하고, 설렁탕의 고기 양도 푸짐합니다. 전국으로 포장 택배도 가능하다고 하니 이용해 보세요!

충북 청주시 상당구 상당로5번길 35
043-256-2311
9:00-20:30

영화식당

'영화보리밥'이라고도 불리는 이곳은 단일 메뉴인 보리밥을 주문하면 따뜻한 숭늉이 먼저 나옵니다. 보리밥과 나물 4종, 상추 겉절이, 시래기 된장찌개로 한 상이 차려지면 고추장을 곁들여 맛있게 비벼 먹으면 됩니다. 소박한 음식으로 든든하게 속을 채울 수 있는 곳이에요. 육거리 제일교회 맞은편 골목길을 따라 2층으로 올라가면 쉽게 찾을 수 있어요.

충북 청주시 상당구 상당로3번길 20
043-259-8846
10:00-16:00(둘째, 넷째 주 일요일 휴무)

육거리소문난만두

3대째 이어져 온 50년 전통의 '육거리소문난만두'는 얇은 피에 만두소가 가득 찬 만두로 유명한 곳입니다. 메뉴로는 매콤한 김치만두, 육즙 가득한 고기만두, 새우 한 마리가 통으로 씹히는 통새우만두, 청양고추가 들어간 아주 매운 핵폭탄만두가 있고, 크기도 일반 만두와 왕만두 두 가지로 있어 기호에 맞게 골라 먹을 수 있습니다. 만두 말고도 샐러드빵, 크로켓, 도넛 등을 판매하는데요. 샐러드빵은 한정 수량만 판매한다고 하니 맛보려면 빨리 움직여야 합니다!

충북 청주시 상당구 상당로5번길 11
043-252-1195
9:00-19:00(화요일 휴무)

유명한 꼬마족발

청양고추가 올라간 쫄깃하고 탱탱한 족발이 유명한 곳입니다. 꼬마족발과 왕족발, 머리 고기와 편육, 통닭 등을 판매하고 있어요.
꼬마족발은 뼈에 붙은 고기를 토막 내 파는 것인데, 텁텁한 부위 없이 쫀득한 부분을 뜯어 먹는 게 매력입니다. 백종원 씨도 다녀간 맛집으로, 맛도 양도 시장의 푸짐한 인심을 느낄 수 있는, 가성비가 좋은 족발집입니다.

충북 청주시 상당구 상당로3번길 2
043-259-9416
8:30-20:30

현미당

이곳의 시그니처 메뉴인 현미 누룽지 4종(현미, 검은깨, 흑미, 귀리)과 요구르트·미숫가루·커피 슬러시, 씨앗 호떡을 판매하는 곳이에요. 국내산 재료를 사용해 즉석에서 만들어 주는 누룽지도 바삭하고 맛있지만, 씨앗 호떡도 맛있답니다! 느끼하지 않고 호떡 속에 씨앗과 계피 향의 설탕이 녹아 있어 달콤하면서도 고소합니다.

충북 청주시 상당구 상당로1번길 22
0507-1309-6867
10:00-18:00(화요일 휴무)

육거리닭강정

닭강정은 뼈와 순살 중에 고를 수 있고, 후라이드, 양념은 맵기에 따라 순한 맛과 매콤한 맛 소스가 준비되어 있습니다. 원하는 맛으로 주문하면 바삭하게 튀겨 양념을 버무린 후 땅콩 가루를 뿌려 줍니다. 닭고기는 부드럽고, 소스는 적당히 달고 매운 맛이라 질리지 않아요. 한입 크기라 부담 없이 먹을 수 있고요!

충북 청주시 상당구 상당로1번길 9
043-222-3707
10:00-19:30(월요일 휴무)

청주의 로컬 시장 둘러보기

📍 충북 청주시 상당구 서문동 124

청주의 성안길에 위치한 '서문시장'은 '삼겹살 거리'로 특화된 곳이죠. 청주의 특색 있는 삼겹살과 해장국 등 다양한 먹거리를 맛볼 수 있습니다. 맛있는 음식을 즐긴 후 성안길을 둘러보기에 좋아요.

📍 충북 청주시 흥덕구 가경동 1438

이름에서 알 수 있듯 시외 · 고속버스터미널과 인접해 있는 재래시장입니다. 그만큼 유동 인구가 많아 활발하게 운영되는 곳이기도 해요. 천장에 아케이드가 설치되어 있어 날씨에 구애받지 않고 편안하게 시장을 구경할 수 있어요. 특히 문화관광형 시장답게 바자회, 페스티벌 등 참여형 행사들이 자주 열리니 방문 전 공식 블로그에서 정보를 얻고 가면 좋을 듯합니다!

📍 충북 청주시 흥덕구 복대동 1899

청주의 복대동과 가경동을 어우르는 곳에 위치한 '복대가경시장'은 인근에 아파트 단지가 들어서면서 자연적으로 생겨난 시장입니다. 이곳의 호떡과 묵은지 갈비찜이 tvN 〈놀라운 토요일〉에 소개되면서 이곳을 찾는 분들이 더 많아졌다고 해요.

📍 충북 청주시 서원구 원마루로8번길 21

청주시 분평동 아파트 단지 인근에 있는 시장으로, 무심천 자전거길이 가까이 있어 라이딩을 즐기는 분들이 자주 찾는 곳이기도 합니다. 저렴하게 먹을 수 있는 공간이 많아 외식, 회식 장소로도 사람들이 자주 찾는다고 해요.

돼지가 간장소스에 빠진 날, 기분 좋게 한 끼!

청주에서는 삼겹살을 시키면 간장소스가 같이 나옵니다. 물론 청주의 모든 삼겹살 가게가 그런 것은 아니지만, 삼겹살을 간장소스에 적셨다가 구워 먹는 게 오래전부터 인기였다고 해요. 소스의 맛은 데리야키 소스를 묽게 만든 것과 비슷합니다. 삼겹살을 소스에 적시거나 소스를 부은 다음 구워야 해서 불판에 종이 포일이나 은박지가 깔려 있는 것도 조금 색다릅니다. 청주식 삼겹살의 또 다른 특징은 삼겹살에 곁들여 먹는 파무침을 아낌없이 준다는 겁니다. 팟값이 금값이었을 때에도 변함없이 파무침을 제공해 인심을 잃지 않았다고 해요. 삼겹살을 굽다가 파무침을 듬뿍 넣어 버무리면 적당한 빨간 맛 삼겹살이 완성됩니다. 보기만 해도 군침이 돕니다!

서문시장 삼겹살 거리

- 청주 성안길에 위치한 곳으로, 국내 유일의 '삼겹살 테마 골목'이에요.
- 청주시외버스터미널에서 대중교통 이용 시 30분 정도 소요되며, 자가용 이용 시 고객주자창을 이용할 수 있습니다(30분에 500원).
- 고객지원센터도 마련되어 있어 문의 또는 불편 사항이 있을 때 도움받을 수 있어요.

동방생고기 정육점과 식당을 함께 운영 중인 간장삼겹살 맛집

1층은 정육점, 2층은 식당으로 운영하고 있는 '동방생고기'입니다. 무항생제 인증돈을 사용하기 때문에 믿고 먹을 수 있는 곳인데요. 특히 유명한 간장삼겹살은 삼겹살을 비법 간장에 담갔다가 타지 않게 잘 구워 먹으면 되는데, '동방생고기'의 종갓집 씨간장은 삼겹살의 잡내를 잡아 주고 풍미를 높여 감칠맛을 낸다고 합니다. 순두부찌개와 계란찜, 막국수가 기본 상차림으로 나와 가성비가 좋고, 셀프바에서 반찬도 편하게 리필할 수 있어요.

충북 청주시 청원구 새터로 46 2층
043-222-3335 10:00-22:00

충주돌구이 투명 수정판에 구워 먹는 삼겹살 맛집

tvN 〈놀라운 토요일〉 촬영지이기도 한 '충주돌구이'는 다양한 밑반찬과 질 좋은 고기 맛집으로 인정받은 곳입니다. 표고버섯과 함께 나온 생삼겹살을 일곱 가지 약재를 넣어 달인 소스에 담갔다가 먹으면 육즙이 촉촉한 고기를 맛볼 수 있어요. 고기가 남는다면 김 가루와 파무침을 넣어 만든 볶음밥까지 꼭 먹어 보세요!

충북 청주시 상당구 남사로89번길 37
0507-1360-0531 11:00-21:30(일요일 휴무)

나릿집 청주 토박이들이 인정한 맛있는 고깃집

한옥 인테리어가 인상적인 '나릿집'은 웨이팅이 필수인 곳이에요. 간장소스에 담가 구워 먹는 고기와 두툼한 목살 모두 인기가 많습니다. 식감이 부드럽고 육즙이 가득한 고기를 마늘, 버섯, 김치와 같이 구워 드세요. 여기에 진한 된장 맛이 느껴지는 매콤 칼칼한 우렁된장찌개를 같이 먹으면 정말 일품입니다!

충북 청주시 흥덕구 덕암로30번길 18
0507-1414-7774 11:30-22:00(일요일 휴무)

청운불고기 50년 된 육거리시장 근처 현지 맛집

투박하게 나온 생삼겹살을 간장소스에 담가 구워 먹으면 부드럽고 잡내도 없는 고기 맛에 반하게 됩니다. 또 파무침, 물김치, 배추된장국은 물론 쌈 채소도 푸짐하게 나와서 고기쌈을 다양하게 즐길 수 있어요. 사장님께서 후식으로 식혜와 응원 문구가 적힌 껌을 챙겨 주시는, 인심도 넘치는 곳입니다!

충북 청주시 상당구 상당로25번길 7
043-252-9295 12:00-22:00

봉용불고기 기사식당에서 입소문을 타 맛집이 된 대표 고깃집

이곳은 반찬으로 제공되는 파무침을 함께 볶아 먹는 것으로 유명합니다. 동그랗게 썰어 준 고기를 먼저 올린 후 그 위에 간장소스를 붓고, 고기가 익으면 포일에 구멍을 뚫어 구울 때 생긴 물을 빼 줍니다. 그리고 삼겹살에 파무침을 올려 먹는 거예요. 두루치기와는 다른 이곳만의 감칠맛을 느낄 수 있답니다.

충북 청주시 청원구 중앙로 108
043-259-8124 8:00-21:50

청주의

• 500년 전통의 역사가 담긴 술, 청주신선주 •

"이 술은 건강해지기 위한 약으로 먹었어요."

충북 청주시 상당구 것대로 5

* 약주 : 한 병(375ml)에 3만 원대 / 알코올 도수는 16도
* 증류주 : 한 병(375ml)에 6만 원대 / 알코올 도수는 42도

'청주신선주'는 함양박씨 종갓집에서 손님 맞을 일이 많아 접대용으로 만든 술입니다. 19대째 집안 대대로 내려오고 있는 약주예요. 1994년 충북무형문화재 제4호로 지정된 '청주신선주'는 현재 전승자 박준미 씨(식품명인 제88호)가 직접 생산하고 있습니다.
신선주는 두 종류가 있는데, 밝은 황금빛이 나는 술이 전통 약주입니다. 열 가지 약재와 국내산 쌀, 앉은뱅이밀로 만들며 식품첨가물은 들어가지 않는다고 해요. 지하수로 정제해 3번을 발효하고 100일간 숙성을 거치면 완성됩니다.
맑고 투명한 것은 신선 증류주입니다. 전통 방식 그대로 소줏고리로 증류해 한 방울씩 받아 내어 항아리에서 1년 이상 숙성 기간을 거친다고 합니다. 약주에 비해 만들어지기까지의 시간이 더 길어서 하루에 30병만 판매한다고 해요. 화덕향과 순곡향이 특징이고 높은 도수에 비해 목 넘김이 부드러운, 맑은 술입니다.

• 건강의 기운을 담은, 세종대왕어주 •

"조선시대 선조들이 즐겨 마시던 '벽향주'를 재현했어요."

충북 청주시 청원구 내수읍 미원초정로 1275

* 약주 : 한 병(500ml)에 3만 원대 / 알코올 도수는 15도
* 탁주 : 한 병(500ml)에 1만 7천 원대 / 알코올 도수는 13도

'세종대왕어주'는 세종 때 어의였던 전순의가 저서 《산가요록》에 소개한 '벽향주' 만드는 법을 따라 빚은 술입니다. 전통 방식을 따라 만들지만, 술맛을 더 부드럽고 산뜻하게 하려고 현대 기술을 이용해 장기간 저온 숙성으로 만든 것이 특징이에요.
약주는 적당한 산미와 단맛이 어우러진 맛입니다. 과일이 전혀 들어가지 않았다는데 과실향이 풍부하게 나는 점이 신기해요. 탁주는 약주에 비해 발효 시간이 더 길어 알코올 향과 산미가 강하고, 일반 막걸리에 비해 탄산은 적은 편입니다.
장희도가에서는 천연 발효식초 만들기, 전통주 만들기 등 체험 프로그램도 이용할 수 있어요. 미리 예약 후 참여하면 됩니다.

전통주

• 마을의 사계절을 술로 빚다, 풍정사계 •

"'풍정사계'만의 누룩을 가지고 독특한 술을 빚어냈습니다."

충북 청주시 청원구 내수읍 풍정1길 8-2

* 춘 : 한 병(500ml)에 3만 4천 원대 / 알코올 도수는 15도
* 하 : 한 병(500ml)에 4만 원대 / 알코올 도수는 18도
* 추 : 한 병(500ml)에 2만 원대 / 알코올 도수는 12도
* 동 : 375ml 기준, 알코올 도수에 따라 가격이 다릅니다. 25도는 2만 7천 원대, 42도는 4만 5천 원대

'풍정사계'는 전통 방식에 따라 직접 디딘 누룩으로 술을 만드는데, 풍정리의 사계절을 담은 네 가지 술이 있습니다. 봄은 약주, 여름은 과하주, 가을은 탁주, 겨울은 증류식 소주로 '춘하추동'이라 이름을 지었다고 해요.
이 네 가지 술은 조금씩 특징이 다른데요. '춘'은 술상에 처음 내놓는 술로 배꽃, 메밀꽃, 풋사과향이 잔잔하게 풍기며, 목 넘김이 부드러운 술입니다. '하'는 더운 여름에도 술이 상하지 않도록 한, 조상들의 지혜가 담긴 술입니다. 약주를 숙성시키는 중간에 증류식 소주를 넣어 만든다고 해요. 옹기에서 100일 동안 숙성시킨 '추'는 완전히 발효되어 뒷맛이 깔끔하고 숙취가 없는 술로, 묵직하고 크리미한 질감이 특징입니다. '동'은 약간의 누룩향이 나며 부드럽고 깨끗한 맛으로, 진한 양념의 요리에 곁들였을 때 입안을 깨끗하게 정리해 줍니다.

• 유기농 쌀을 이용한 전통주, 이도 •

"세종대왕(이도)이 22세의 나이로 즉위함을 기려 빚은 술입니다."

유기농 인증을 받은 재료로만 빚고, 1930년대에 장인이 만든 항아리에서 숙성 과정을 거쳐 완성도를 높인 술입니다.
'조은술세종' 양조장에서는 증류식 소주인 '이도' 외에도 청주생막걸리, 미나리싱싱수 등 다양한 술을 만들고 있어요. 또 미리 예약하면 공장 견학 및 시음, 막걸리를 빚는 양조 체험, 담금주 담그기 체험을 할 수 있습니다.

충북 청주시 청원구 사천로 18번길 5-2

* 이도 : 한 병(375ml)에 1만 3천 원대 / 알코올 도수는 22도(25도는 1만 4천 원대, 32도는 2만 원대, 42도는 2만 8천 원대)
* 청주생막걸리 : 한 병(750ml)에 3만 4천 원대 / 알코올 도수는 6도
* 미나리싱싱주 : 한 병(300ml)에 4천 원대 / 알코올 도수는 14.5도

PART 2

청주의 찬란한 역사 속으로, 만보 2길

• 추천 코스 •

문화예술 여행 : ① → ③ → ⑥

역사 여행 : ①, ⑤

골목 여행 : ②, ④, ⑦

음식 여행 : ②

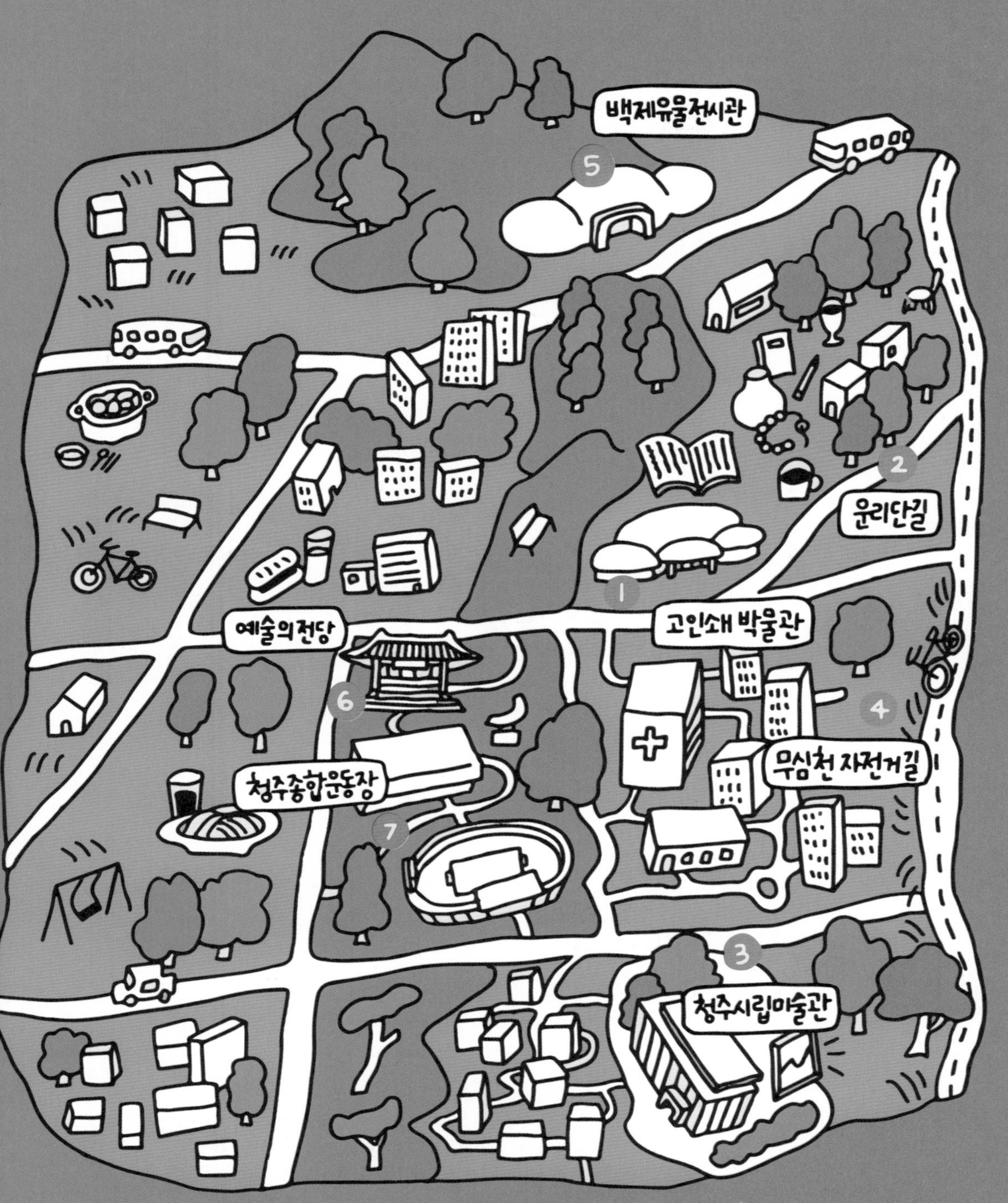
백제유물전시관
5
2
윤리단길
1
예술의전당
고인쇄 박물관
6
4
청주종합운동장
무심천 자전거길
7
3
청주시립미술관

∘ **Cheongju** ∘

청주고인쇄박물관

유네스코 세계기록유산, '직지'를 만나다

Check Point

- 세계에서 가장 오래된 금속활자본인 '직지'가 만들어진 곳이에요.
- 매주 금요일에는 금속활자 주조 시연을 관람할 수 있어요.
- 인쇄 문화를 직접 체험할 수 있는 프로그램이 많아요.

충북 청주시 흥덕구 직지대로 713 043-201-4266
9:00-18:00(월요일 휴무) 무료 관람

세계에서 가장 오래된 금속활자본 '직지'가 만들어진 곳

초가집 지붕을 얹어 놓은 듯한 독특한 외형의 박물관이 있습니다. 멀리서 보아도 그 모습이 한눈에 보입니다. 붉은 벽돌에 금속 재질의 납작한 지붕, 바로 '청주고인쇄박물관'입니다.
박물관 입구 오른쪽에는 '흥덕사지'라는 사찰 터가 있습니다. 박물관 바로 앞에 이런 터가 있는 이유가 있을 것 같아 알아보니, 흥덕사지는 지구상 존재하는 가장 오래된 금속활자본인 '직지심체요절'이 만들어진 곳이라고 합니다. 그 사실을 알고 나니 무언가 최초의 기운이 느껴지고 신비롭기까지 했어요.

'직지'가 위대한 이유

세계에서 가장 오래된 금속활자본이 우리나라에서 만들어졌다니, 게다가 그 원본이 지금까지 보관되고 있다니, 정말 놀라운 일입니다.
금속활자가 만들어지는 과정을 살펴보면 더 경이롭습니다. 단어를 하나하나 만드는, 아주 정교하고 힘든 과정으로, 그야말로 한 땀 한 땀 정성을 다해야 가능한 일입니다.
직지는 상, 하 두 권으로 구성되어 있고, 1377년에 흥덕사에서 간행되었습니다. 약 50-100부 정도 인쇄되었을 것으로 추측하는데요. 당시에 그렇게 많은 부수를 한 번에 인쇄할 수 있는 기술은 금속활자가 최초였습니다.

현재 직지 인쇄본은 상, 하 가운데 하권만 남아 있고, 프랑스 국립도서관 동양문헌실에 소장되어 있습니다. 19세기 말 초대 프랑스 공사를 역임한 콜랭 드 플랑시가 수집해 프랑스에 가져갔고, 그것을 1911년 파리 경매장에서 골동품 수집장이던 앙리 베베르가 구입해 프랑스 국립도서관에 기증했습니다. 안타깝게도 직지에 대한 반환을 요구할 명분이나 국제법적 장치는 없다고 합니다. 약탈이 아닌 공식적인 거래를 통해 프랑스로 갔기 때문이죠.
지난 4월, 프랑스 국립도서관은 '인쇄하다! 구텐베르크의 유럽' 전시회 개막을 앞두고 직지의 실물을 공개했는데요. 1973년 '동양의 전시'에서 소개한 이후 50년 만에 대중에 공개한다는 점에서 의미가 큽니다.

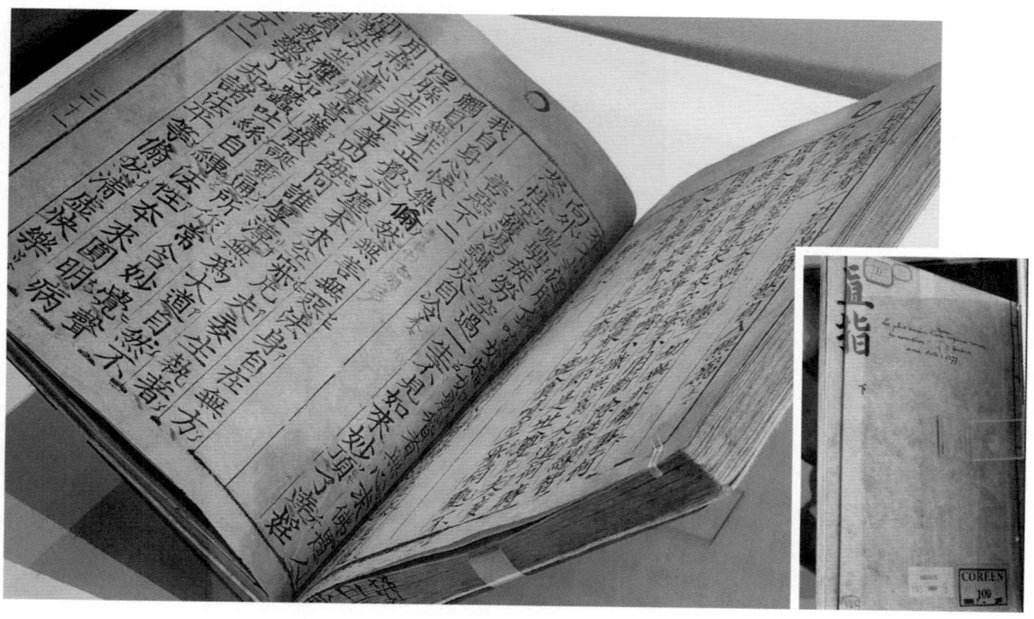

인쇄의 역사를 한눈에 볼 수 있는 곳

직지는 총 78장으로(상·하권 39장씩) 만들어졌는데, 바로 그 활자판 78장이 복원되어 한눈에 볼 수 있게 전시되어 있습니다. 활자의 역사를 보여 주는 고서부터 인쇄 기구, 흥덕사지에서 출토된 유물들까지 인쇄의 역사도 함께 알 수 있습니다. 책과 문구를 좋아하는 사람이라면 흥미롭게 볼 만한 활자를 만드는 기구와 책을 제본하는 도구, 독특한 판형의 오래된 인쇄물 등도 구경할 수 있고요. 2층에는 외국의 인쇄술과 관련한 도구들도 전시되어 있어 비교해 보는 재미가 있답니다.

금요일에는 청주고인쇄박물관으로!

진귀한 과정을 직접 볼 수 있다는 소식에 '금속활자전수교육관'을 찾아갔습니다(청주고인쇄박물관 바로 앞 건물이에요). 이곳에서 매주 금요일, 국가무형문화재 금속활자장이 직접 금속활자 주조 시연을 하기 때문입니다(하루에 3회 시연하며, 매달 첫째, 셋째 주는 토요일에도 시연합니다).
금속활자 주조 시연에서는 모래와 물, 뜨겁게 녹인 금속을 이용해 직접 글자 만드는 과정을 볼 수 있습니다. 조그마한 금속활자 하나를 만들기 위해 거름망에 모래를 곱게 거르고, 손으로 꾹꾹 눌러 다진 후 물을 넣어 가며 단단하게 만듭니다. 마치 귀한 손님을 위해 정성스럽게 요리를 준비하는 모습 같았어요.
주조 시연은 30분 정도 진행됩니다. 실제로는 더 오래 걸리는 작업이겠지만, 주조 과정을 지켜보는 그 짧은 시간에도 얼마나 정교하고 복잡한 과정을 통해 금속활자가 만들어지는지 알 수 있었습니다. 이 과정을 직접 시연하며 금속활자장 님이 해 주신 이야기가 기억에 남습니다.

"이렇게 만드는 모든 과정을 다 기억할 필요는 없어요.
가장 중요한 건 '어떻게 금속활자를 만들 생각을 했을까?' 생각해 보는 거예요.
이 방법을 알아내기까지 얼마나 많은 시도를 거듭했을까요?"

'직지'에 대해 더 알고 싶다면

'유네스코 세계기록유산 등재 20주년'을 맞아 제작된 다큐멘터리 〈직지, 활자의 시간여행〉(2021)을 보면 '직지'에 대한 궁금증을 해결할 수 있어요. 프랑스 국립도서관의 승인을 받아 제작되었는데요. 직지 원본을 국내 언론에 최초로 공개하며 프랑스 국립도서관 부관장이 이렇게 말했죠.
"루브르 박물관에서 〈모나리자〉를 꺼내 달라는 것과 같습니다."
온라인에 공개된 확장판은 총 5부작으로, 〈문화유산채널〉 공식 유튜브 채널에서 볼 수 있습니다.

로컬 상점이 가득한 동네,

운리단길 나들이

'운리단길'로 불리는 운천동은 젊음과 감성이 느껴지는 곳으로, 2-3층 높이의 낮은 건물들이 줄지어 있는 조용한 동네입니다. 이곳은 프랜차이즈 매장 대신 대부분 1인이 운영하는 로컬 상점들이 자리하고 있어요. 오래된 주택이나 빌라를 개조해 만든 공간들이라 크기가 아담하고 개성이 넘칩니다. 개인의 취향이 잔뜩 묻어 나는 가게들이 많아 천천히 둘러보며 구경하는 재미가 있습니다. 또 인기리에 종영한 tnN 드라마 〈일타 스캔들〉의 촬영지로 알려지면서 운리단길을 찾는 사람이 더 많아졌습니다. 드라마 속 '국가대표 반찬가게'를 배경으로 사진을 남기고, 골목 투어를 해도 좋겠습니다.

저는 오전부터 오후까지, 반나절 정도 운리단길을 거닐었습니다. 걷다가 마음에 드는 상점이 보이면 들어가 구경하고, 필요한 물건을 구입했어요. 마지막에는 '마일로 에스프레소 바'에 들러 잠시 쉬며, 영수증을 펼쳐 놓고 어디에서, 무엇을 샀는지 등을 기록했습니다. 오후의 따스한 햇볕만큼이나 기분 좋은 하루를 보냈습니다.

빈티지 의류 & 소품숍 '앨리스의 집'

11:00 충북 청주시 흥덕구 흥덕로 129-1

빈티지 옷과 물건이 가득한 곳입니다. 어린 시절 할머니 집에서 본 듯한 오래된 느낌의 그릇과 찻잔도 있고요. 시계, 장식품 등 각종 인테리어 소품이 많습니다. 저는 여기에서 귀여운 양말을 하나 샀습니다(예쁜 것이 많아 고르는 데 시간이 꽤 걸렸어요).

작고 귀여운 식당 '디긴'

12:00 충북 청주시 흥덕구 흥덕로 124 0507-1411-6228 12:00-21:00(일, 월요일 휴무)

내부는 화이트톤 벽면으로 되어 있어 깔끔합니다. 아담한 크기에 테이블이 많지 않지만, 그래서 더 특별한 느낌이 들어요. 안쪽에는 와인이 진열되어 있는데요. 와인바로도 유명한 이유를 알겠더라고요. 와인은 잔으로도 마실 수 있어 가볍게 먹기 좋아요. 특히 식전에 나오는 레몬딜 버터를 바른 비스킷과 방울토마토 절임은 새콤달콤하고 아주 맛있습니다. '디긴'은 1인 식당으로 미리 예약하고 방문하는 게 좋습니다.

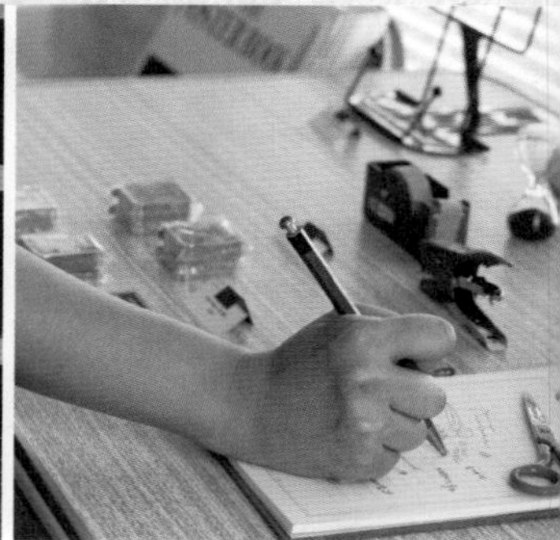

펜과 연필이 가득한 문구점 '11포인트'

13:00 충북 청주시 흥덕구 직지대로753번길 27 1층 0507-1340-0340 12:00-18:00(목요일 휴무)

한쪽 벽면이 펜과 연필로 가득한 문구점입니다. 다양한 컬러와 디자인의 필기구와 노트, 가위, 스테이플러 등 무언가를 기록하거나 그릴 때 필요한 물건들이 큐레이션되어 있어요. 책상에 앉아 꾸준히 뭔가를 하고 싶게 만드는 물건이 많은 곳입니다.

문득 가게 이름이 왜 '11포인트'인지 궁금해져 사장님께 물었더니, "이름을 뭐로 지을까 고민하다가 문득 노트북에 켜 놓은 문서들을 보니 공통점이 보이더라고요. 글자 크기가 모두 11포인트였어요. 10포인트는 작고, 12포인트는 조금 크고, 자꾸 손이 가는 게 11포인트여서 그렇게 지었어요"라고 하셨어요.

주인의 취향이 느껴지는 독립서점 '여름서재'

충북 청주시 흥덕구 직지대로753번길 35 043-264-2138

'11포인트' 근처에 있는 작은 독립서점입니다. 원목 스타일의 가게 내부와 서점의 이름이 참 잘 어울립니다. 책을 좋아하는 분이라면 천천히 둘러보기에 더없이 좋은 공간이에요. 한쪽 코너에 있는 개인 소장용 책장에는 주인분의 관심사로 큐레이션된 책들이 꽂혀 있어 흥미롭고요. 일반 서점에서 보지 못한 독립 서적들을 만날 수 있습니다.

적당히 쓰고 달달한 에스프레소 카페 '마일로 에스프레소 바'

충북 청주시 흥덕구 흥덕로88번길 29 1층 0507-1348-9810 11:30-20:30(화요일 휴무)

하얀 건물 외관에 통유리창, 'milo'라고 큼지막하게 영문 상호가 적힌 카페입니다. 공간은 크게 둘로 나뉘는데, 맞은편에 건물이 하나 더 있습니다. 바로 앞에는 작은 놀이터도 있어 날씨가 좋으면 테이크아웃을 해 놀이터 벤치에 앉아 커피를 마셔도 좋을 것 같습니다. 이곳에는 '일주일 한정 커피'도 있습니다. 매달 첫째 주는 멜팅바, 둘째 주는 에그 콘파냐, 셋째 주는 판와코타, 넷째 주는 더칠러를 주문할 수 있어요. 아메리카노와 라떼는 테이크아웃만 가능합니다!

새로운 것을 배우는 시간

어른에게 꼭 필요한 시간을 하나 고르라고 한다면, 저는 새로운 걸 배우는 시간을 고를 거예요. 보통 일하는 시간은 신경 쓰지 않아도 일과에 당연한 듯 자리 잡고 있지만, 한 번도 해 보지 않은 어떤 것을 배우거나 시도하는 시간, 익숙한 환경에서 벗어나 보는 시간은 일부러 만들지 않으면 누리지 못하기 때문입니다.

익숙하고 별다른 것 없는 일상에서 새로운 취미를 만드는 것만큼 좋은 것도 없죠. 아주 작은 것이라도 도전을 해 본 사람은 압니다. 집중하는 순간과 '오, 재밌다!' 하면서 느끼는 뿌듯함을요. 최근 즐겁게 보낸 시간이 언제였는지 기억나지 않는다면, 오늘만큼은 특별한 경험을 해 보세요. 더없이 좋은 선택이 될 겁니다.

청주의 운리단길은 조그마한 가게들 사이로 식당도 있고, 책방도 있고, 공방도 있는 곳이에요. 멀리서 보면 일반 주택처럼 보이는데, 다가가 보면 유니크한 공간들에 가던 길을 멈추고 안을 들여다보게 됩니다. 그러다 창가에 있는 안내판을 유심히 보면, 다음과 같이 쓰여 있습니다.

"당일 예약 가능 원데이 클래스"

캔들, 유리컵, 반지, 향수 등 직접 만들어 볼 수 있는 아이템들이 가득합니다. 해 보면 재밌겠다 싶은 수업이 많아요! 미리 예약만 한다면 재밌는 시간을 보낼 수 있답니다. 조용한 골목길 사이사이, 운리단길을 걸으며 발견한 작고 귀여운 공방들을 소개합니다!

모브제

세상에
하나밖에 없는
반지 만들기

충북 청주시 흥덕구 흥덕로 144 1층
0507-1492-8025
@mobjet.kr

공방 안은 마치 쇼룸처럼 잘 꾸며져 있습니다. 작업 공간도 넉넉해서 처음이라도 편안하게 만들 수 있어요. 한쪽에는 직접 디자인하고 제작한 반지, 팔찌 등 은공예품들을 판매하고 있어 구경하는 재미도 있답니다. 원데이 클래스 정보는 인스타그램 판매 제품 계정과 다른 계정(@mobjet.class)을 통해 확인해 보세요!

센트유

향기로
지친 마음을
기댈 수 있는 곳

충북 청주시 흥덕구 흥덕로 130
0507-1379-5249
11:00-20:00
@scent.uu

한 번쯤 나만의 향수를 만들어 보고 싶을 때 추천하고 싶은 곳이에요. 가게 안도 분위기 좋은 카페 느낌이라 향수나 디퓨저를 만들며 집중하기 좋습니다. 먼저 오십 가지 정도 되는 향에서 원하는 향을 고르고, 베이스를 넣어 향수를 완성합니다. 큰 어려움 없이 쉽게 만들 수 있어요. 한쪽에는 그날의 추억을 남길 수 있도록 예쁜 포토존이 마련되어 있어요. 당일 체험 예약은 최소 30분에서 1시간 전에 해야 가능합니다.

데일리 크래프트

가죽과 친해질 수 있는
편안한 분위기의
가죽 공방

충북 청주시 흥덕구 흥덕로 128
0507-1428-1911
12:00-22:00(일요일 휴무)
@ dailycraft_class

가죽으로 지갑, 키링, 가방 등 다양한 소품을 만들 수 있는 공방이에요. 가죽을 다루는 게 어려울 것 같지만 선생님이 알려 주는 대로 차근차근 바느질을 하고, 사포질과 염색 단계를 거치면 완성할 수 있어요! 대부분의 공방처럼 이곳 역시 예약은 필수이니, 블로그나 인스타그램을 통해 문의해 보세요.

오네로

전사지를 이용한 나만의 유리컵, 그릇 만들기

충북 청주시 흥덕구 흥덕로 124
0507-1442-4880
11:00-20:30(월요일 휴무)
@ onero__

유리나 도자기 위에 다양한 전사지를 올려 나만의 컵이나 그릇을 만들 수 있는 곳이에요. 여러 색의 전사지를 오리거나 펀칭으로 모양을 만들어 물에 적셔 붙이기만 하면 완성! 간단한 작업 과정이어서 남녀노소 부담 없이 참여하기에 좋습니다.

리밑

천연 소이 캔들, 부케 캔들, 젤 캔들 등 다양한 캔들 만들기가 가능한 공방

충북 청주시 흥덕구 직지대로 753번길 27 1층
0507-1416-1571
12:00-18:00
@ lllimittt

화이트 톤의 깔끔하고 정돈된 인테리어가 마음을 편안하게 만드는 곳입니다. 원데이 클래스로 캔들을 만들 수 있고, 공방 안에는 테이블웨어, 인테리어 소품 등 감성적인 물건들이 가득합니다. 보물찾기하듯 작은 소품들도 구경하고, 캔들 만들기도 체험해 보세요!

다즐링

선캐쳐, 조명 등을 직접 만드는 스테인드글라스 & 유리 공방

충북 청주시 흥덕구 직지대로753번길 38 1층
0507-1357-7239
10:00-18:00(일요일 휴무)
@ dazzling__glass

'다즐링'은 스테인드글라스를 활용해 선캐쳐, 티라이트홀더, 트레이, 조명 등을 직접 만들 수 있는 공방입니다. 본격적으로 만들기에 들어가기 전, 유리판에 선 긋기 연습부터 시작합니다. 유리판의 종류도 많아서 자신이 원하는 디자인을 골라 작업할 수 있어요! 다만, 납땜 과정 때문에 임산부는 원데이 클래스 참여가 어렵다고 하니 참고하세요!

Check Point

- 옛 KBS 방송국을 리모델링해 개관했어요.
- 관람료는 1,000원, 청주 시민은 50% 할인받을 수 있어요.
- 계절마다 새롭게 열리는 전시를 찾아 방문해 보세요.

충북 청주시 서원구 충렬로18번길 50
0507-1404-2650 10:00-19:00(월요일 휴무)
성인 1,000원 청소년 · 어린이 무료

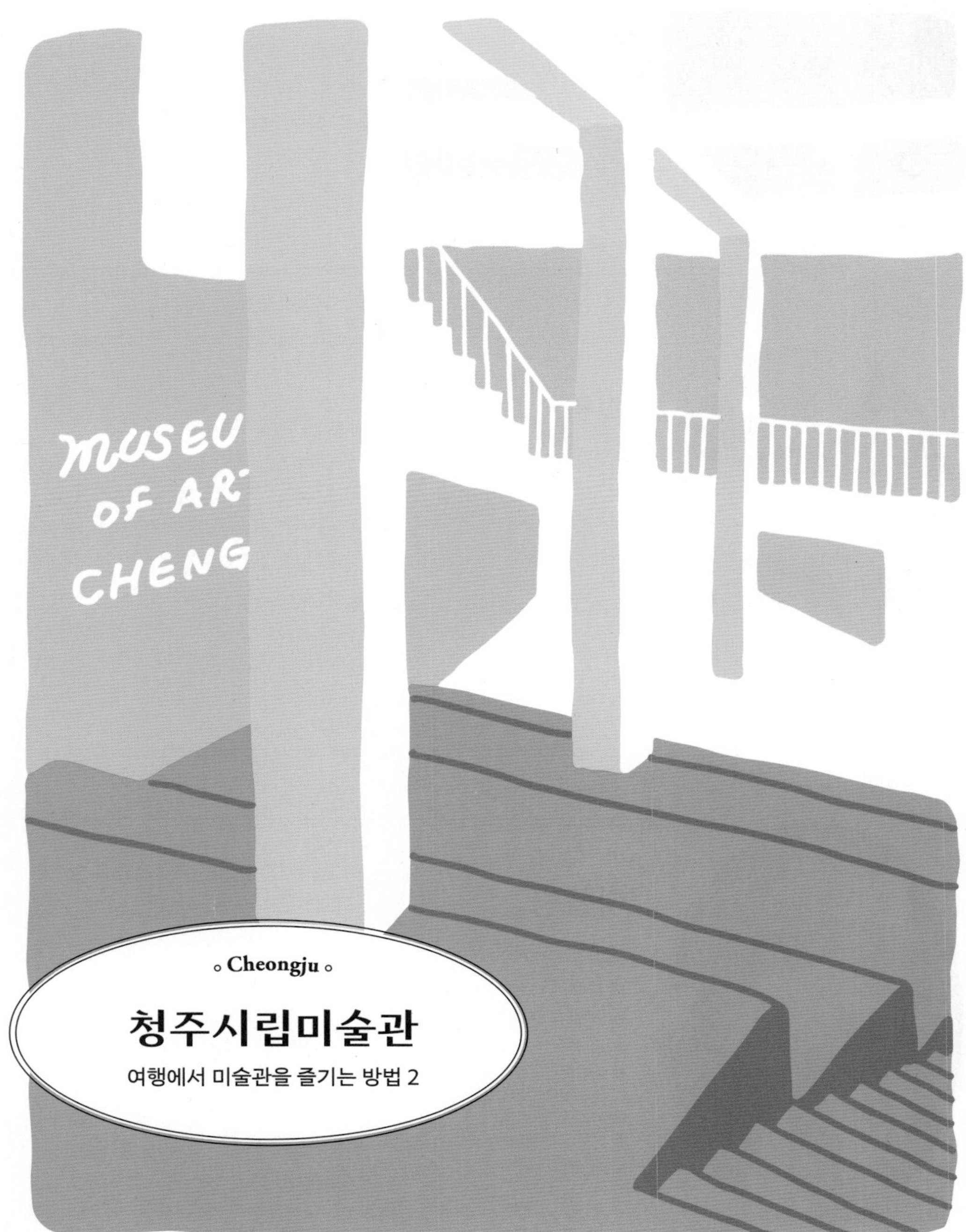

◦ Cheongju ◦

청주시립미술관

여행에서 미술관을 즐기는 방법 2

미술관을 사랑하는 여행자의 여행

여러분은 여행지에서 꼭 찾는 곳이 있나요? 저는 여행지에서 꼭 들러야 할 리스트에 서점, 미술관, 그 지역 떡볶이 맛집을 빼놓지 않고 넣습니다. 그중 미술관은 지역 예술가들의 활동을 엿볼 수 있고, 전시 주제도 다양해 그림을 그리는 사람에게는 더 도움이 됩니다. 미술관을 관람하는 방식도 저마다 다르겠지만, 저는 주로 다음과 같은 순서로 작품을 감상합니다.

Step 1

"전시의 제목을 먼저 찾아보기"

제목은 전시의 주제를 알려 주는 역할을 합니다. 관람 전부터 제목에서 느껴지는 전시장의 분위기를 상상하며 기대하는 마음을 가져 보는 거예요. 그러면 전시를 보고 난 후 작가가 전시의 제목을 왜 그렇게 했는지 곱씹어 생각하며 나름 그 이유를 짐작해 볼 수 있어요.

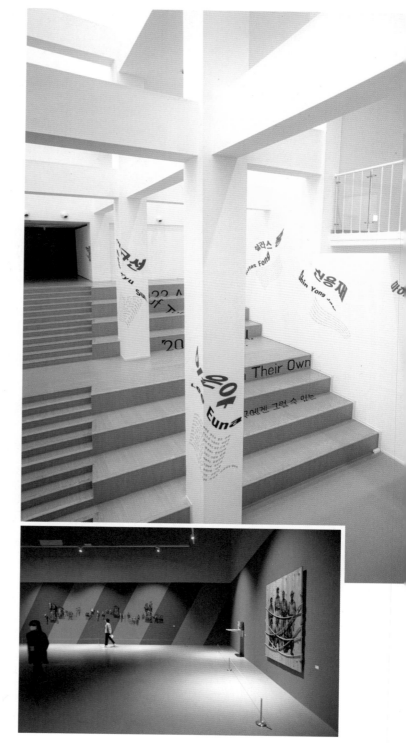

Step 2
"천천히 작품 둘러보기"

보다가 흥미로운 작품이 있으면 멈춰 서서 좀 더 오랫동안 바라봐요. 물론 전시장이 사람들로 북적인다면 불가능하겠지만, 되도록 작품 앞에 머물러 살펴봅니다. 작가가 어떤 방식으로 작품을 만들었는지, 무엇을, 왜 표현하고 싶어 하는지 작가의 의도를 파악해 보는 거예요. 또 작품은 가까이서만 보지 않고 멀리서도 봐요. 자리를 바꿔 비스듬하게 혹은 앉아서 볼 수 있는 의자가 있다면 앉아서도 봅니다. 보는 시각에 따라 작품이 달라 보이고, 그 시점에서만 보이는 것들이 있어 흥미롭거든요.

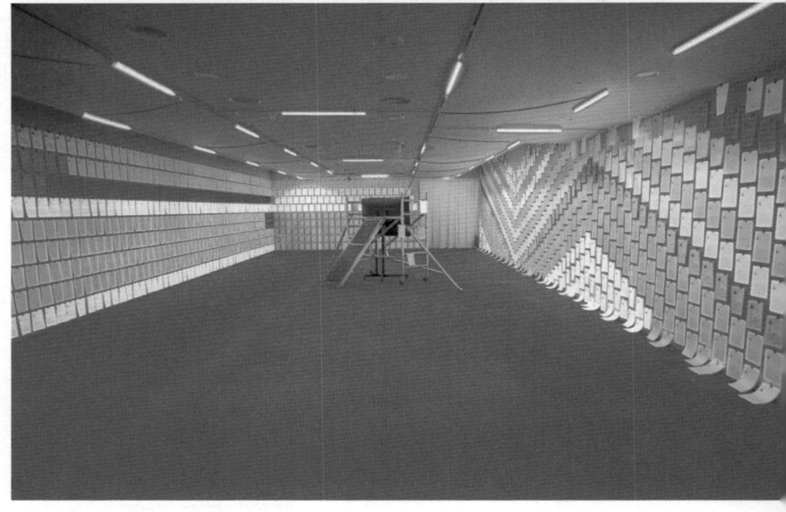

Step 3
"작품이 만들어진 배경 등 관련 정보를 찾아 읽기"

궁금증이 풀리지 않으면 작품을 둘러보는 사이사이 작가, 작품 등 정보를 찾아보는 겁니다. 요즘은 전시장 입구나 섹션이 나뉘는 곳 벽면에 작품을 이해하는 데 필요한 이야기들이 쓰여 있는 곳도 많죠. 특히 기억에 남는 작가와 작품이 있다면, 유심히 살펴보고 메모장에 기록도 하면서 한 번 더 작품을 기억해 둡니다.

Step 4

"관람 후에는 작품에 관해 자유롭게 의견 나누기"

같이 전시를 본 친구와 커피를 마시며, 그날 본 작품들에 대해 이야기를 나누는 거예요(혼자 관람했어도 다시금 전시장 곳곳을 떠올려 보는 시간을 꼭 갖습니다. 그러면 전시 후 생각을 정리하는 데 도움이 되거든요). 작품에 대한 혹은 전시에 대한 다양한 생각과 감정을 솔직하게 나누는 시간은 늘 그렇듯 흥미로워요. 새로운 주제로 이야기하는 즐거움도 느낄 수 있고요. 그러고는 그곳에 새로운 전시가 열리면 또 오자고 약속하죠.

잘 관람한 미술관이 있다면, 쉽게 그 지역을 기억할 수 있습니다. 제가 '시립미술관'을 생각하면 '청주'를 떠올리는 것처럼요.

'작은 미술관'을 ________ 둘러보는 재미

여행지에서 그 지역 미술관을 찾아보는 걸 좋아하는 여행자라면,
청주에서도 이곳에 꼭 들러 보세요!
아무런 정보 없이 찾아가도 지역 작가들의 다채로운 작품을 만날 수 있고,
밀도 있는 예술 여행을 완성할 수 있으니까요.

젊은 작가의 작품을 가장 가까이서, 쉐마미술관

충북 청주시 청원구 내수읍 내수로 241
043-221-3269 10:00-17:30(월요일 휴무)
성인 2,000원 청소년 · 어린이 1,000원

'쉐마미술관'은 청주 시내에서 조금 떨어진 한적한 곳에 있는, 아주 작은 미술관입니다. 자연으로 둘러싸인 공간에서 아름다운 작품들을 감상하다 보면 자연스레 마음이 편안해집니다. 특히 이곳은 현대미술을 하는 젊은 작가들에게는 전시 기회를, 청주 시민들에게는 문화교육 및 향유의 기회를 제공하고 있어 더 의미 있는 공간 같아요.

미술관을 방문하기 전 이름 '쉐마(SCHEMA)'의 뜻이 궁금해 홈페이지에서 정보를 찾아봤습니다. 미학적·종교적 의미로 "하나님께 모든 것을 바친다"라고 하는데요. 아울러 '격', '짜임', '계획'이라는 의미를 바탕으로 지역 사회, 미술계에 봉사하고자 하는 설립자의 열망이 담겨 있다고 해요. 그래서 젊은 작가들의 창작품을 중심으로 한 기획 전시가 많나 봅니다. 실제로 지역 젊은 작가들을 위한 새로운 전시가 매달 열리고, 가족과 함께 체험할 수 있는 프로그램도 운영되고 있으니, 방문하게 된다면 기회를 놓치지 마세요!

쉐마미술관 근처에서의 커피 한 잔, '프레피'

조형미가 있는 벽돌색 건물이 나란히 서 있는 게 인상적인 카페입니다. 내부는 큰 창으로 햇볕이 들어와 포근한 분위기인데요. 창가 자리마다 창밖의 풍경이 바뀌어 어디든 앉아도 좋습니다. 다양한 종류의 베이커리도 함께 먹을 수 있고, 주차 공간도 꽤 넓습니다.

'폼므'의 의미

프랑스어로 폼므(Pomme)는 사과를 뜻하는데, '사과'는 세상을 변화시키는 데 쓰인 상징적인 과일이죠. 그래서인지 라폼므현대미술관은 회화, 미디어, 조형 등 다양한 분야의 작품을 전시하며 늘 변화와 혁신을 꾀합니다. 체험형 교육 프로그램을 통해 대중과 문화예술의 소통에 힘쓰고요.

도심 근처 마을에서의 예술 여행, 라폼므현대미술관

충북 청주시 상당구 이정골로 95
043-287-9625 10:00-18:00(일, 월요일 휴무)
중학생-성인 5,000원, 초등학생 이하 3,000원

2014년 8월에 개관한 '라폼므현대미술관'은 지하, 1층, 2층 전시관으로 구성되어 있습니다. 작지만 층별 공간을 충분히 활용하고 있는 모습인데요. 더 많은 작품을 대중에게 보여 주려는 마음인 것 같아요.
천장에 붙어 있는 수많은 노란색 집들이 인상적입니다. 이곳의 대표 작가인 티안의 작품 〈304개의 부서진 꿈〉이에요. 세월호 침몰 사고를 애도하는 작품으로, 숫자 '304'는 희생자 304명을 의미하고, '집'은 지상에서 펼치지 못하고 하늘로 올라가 버린 아이들의 꿈을 상징합니다.

곳곳에 전시된 미술관 소장품을 보는 것도 재미있습니다. 계단 쪽 벽면에 걸린 아주 조그만 액자 속 동그란 점은 데미안 허스트의 작품이에요. 제목은 〈알약〉입니다. 어머니가 약국에서 처방받은 약을 절대적으로 신뢰하는 모습을 보고 영감을 받아 만든 작품이죠.
사람들이 약은 맹신하면서 예술은 믿지 않는 걸 이해할 수 없었던 데미안은 대중에게 믿음을 주는 예술을 하고 싶다고 생각해요. 그리고 이내 '나도 그런 것을 만들 수 있구나!' 하고 깨달아 알약 시리즈를 만들었다고 합니다.
2층에 올라가면 커튼이 가장 먼저 눈에 들어옵니다. 그 사이로 작품들이 보여 신비로운 분위기입니다. 마치 어느 작가의 방에 초대받은 기분이었어요.
라폼므현대미술관은 넓지 않지만, 여유 있게 시간을 가지고 방문하는 것을 추천해요. 찬찬히 작품들을 둘러보고, 나와서는 용정저수지를 따라 마을 길을 걸어도 좋을 듯합니다!

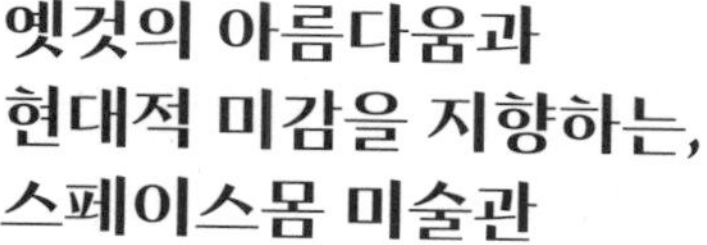

옛것의 아름다움과 현대적 미감을 지향하는, 스페이스몸 미술관

'스페이스몸 미술관'은 2000년 전시 공간으로 시작해 회화, 공예, 조각, 설치미술 등 장르의 경계 없이 다양한 작품을 전시하는 곳이에요. 특이하게 전시 공간 또한 두 곳으로 나뉘어 있는데, 도심에 위치한 1전시장과 자연과 어우러진 2, 3전시장으로 되어 있습니다. 작가와 주제의 특색에 따라 다른 개성의 공간을 만날 수 있어요.

특히 이곳은 비영리 기관으로서 교육, 문화예술 교류, 출판 등을 통해 대중과 소통하고 접근성을 높이는 데 힘쓰고 있다고 합니다. 문화예술과 대중의 가교 역할을 톡톡히 해내고 있는 모습입니다.

충북 청주시 흥덕구 풍년로 162(제1관)
043-236-6622 10:00-18:00(월, 일요일 휴무)
무료 관람

도심 속 작은 감성 미술관, 우민아트센터

청주의 대표 문화 공간으로, "항상 사람을 사랑하며, 또한 사람과 더불어 생활한다"라는 슬로건을 가지고 지역 문화예술에 기여하고 창의적 소통을 하기 위해 설립된 미술관입니다. 신진 작가 발굴 프로젝트는 물론 개인전, 교류전을 통해 시민들에게 다양한 작품 감상의 기회를 제공하고 있어요. 지하 1층에는 전시실, 세미나실, 영상실, 카페 우민 등의 시설도 있으니 방문 시 둘러보면 좋을 듯해요. 바쁜 일상에서 놓친 생각과 감정을 들여다보기에 너무나 좋은 공간입니다.

충북 청주시 상당구 사북로 164 우민타워 B1
043-222-0357
10:00-19:00(일요일 휴무)
무료 관람

지속 가능한 기록의 도시로, 청주의 '동네기록관'

청주시는 2020년부터 '기록문화 창의도시'를 비전으로 문화도시 조성사업을 추진하고 있습니다. 이 사업의 한 갈래인 '동네기록관'은 마을의 기록과 주민의 기억을 모아 주민들 스스로가 동네의 살아온 역사, 사는 이야기, 살아갈 이야기를 나누며, 마을의 정체성을 발견하고 주민 공동체를 만들어 가는 기록문화 커뮤니티 공간입니다. 주로 마을 기록물을 수집, 전시하고 있으며 현재 11곳이 운영 중이에요. 청주 곳곳에 자리한 동네기록관은 다양한 주제로 동네를 기록하고 있어요. 특히 주민들이 기록 활동을 이어가는 문화의 장이자 마을 기록물이 하나둘 모이는 기록 공간으로서 의미가 있습니다. 나와 이웃의 삶, 그리고 동네의 일상을 만나러 가 볼까요?

사진 출처 : 청주시문화산업진흥재단

정스다방

정스다방

오래된 주택을 갤러리 카페로 개조한 '금천동 동네기록관'

'정스 갤러리'라고도 불리는 이곳은 주택을 리모델링해 카페로 만들었습니다. 이전에 셋방, 주인집, 지하 냅킨 공장까지 있던 건물이라 그런지 각각의 공간이 다른 분위기로 꾸며져 있어요. 안으로 들어가면 눈에 띄는 것은 자개 장식장, 옛날 다리미, 함지박 등 정겨운 옛 물건들입니다. 금천동의 자취를 기억하고자 주민들이 기증한 것들로 그 따듯한 마음이 고스란히 느껴집니다. 한쪽에는 영상 상영회 공간이 마련되어 있어 동네기록관의 영상들도 볼 수 있고요. 다른 한쪽에는 20년 동안 한자리에서 가게를 운영한 금천동의 가게 17곳의 모습을 사진으로 만날 수 있습니다.

충북 청주시 상당구 수영로207번길 8-16 1층
0507-1377-1031 11:00-19:00(일요일 휴무)

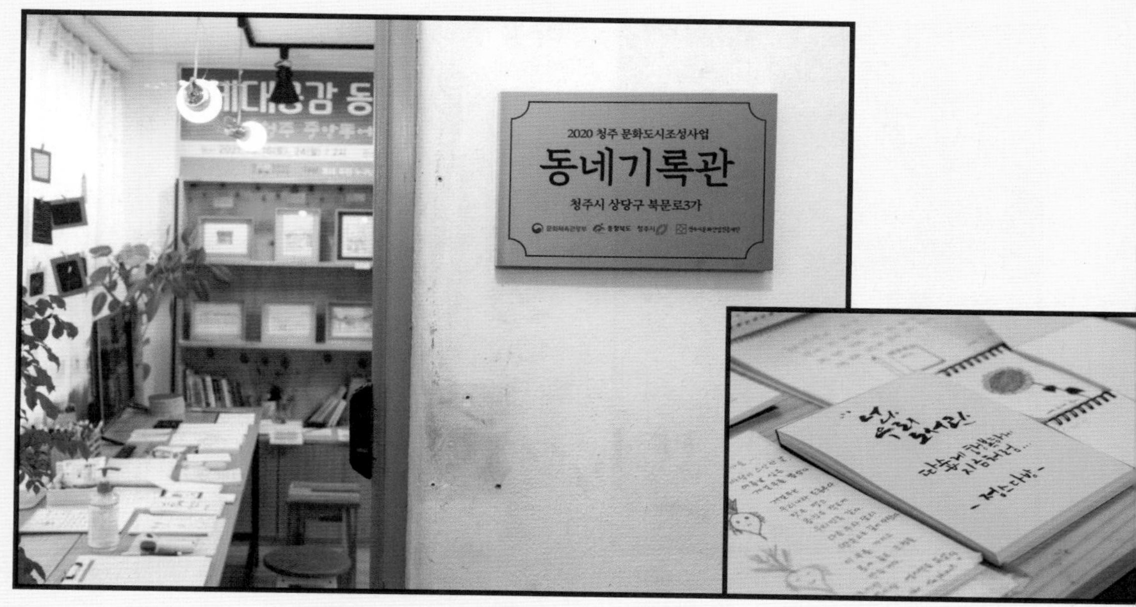

너나우리 도서관

청주의 옛 도심, 중앙동을 기록한 '너나우리 동네기록관'

도서관으로 운영 중인 이곳은 동네기록관으로 선정되면서 보다 다양한 활동이 이루어지고 있다고 해요. 중앙동은 구도심이다 보니 오래되고 낡아 사라질 건물이 많고 특이한 상점이 많다는 점에 착안해 동네의 건물을 드로잉으로 기록하는 프로그램을 진행했고, 청소년들이 중앙동 주민을 인터뷰하는 '동네 댕기기 기자단'의 활동으로 주민들의 다양한 삶 이야기를 기록했다고 합니다. 이러한 기록물들이 이곳을 채우고 있으며 도서관인 만큼 자유롭게 책도 빌려 읽을 수 있어요.

충북 청주시 상당구 상당로 143번길 30
043-223-0160 10:00-18:00(일요일 휴무)

마불갤러리

한지 공방, 카페, 갤러리가 한곳에, '문의면 동네기록관'

문의면 대청호 근처에 위치한 '마불갤러리'는 잊혀 가는 한지의 역사와 전통을 기록하고 계승하고 있는 동네기록관입니다. 입구 곳곳에 널린 닥나무 껍질이 이곳이 한지를 만들던 장소에 대한 기억을 복원하는 곳임을 말해 주는 듯합니다. 이곳을 지키는 한지 공예가 이종국 씨는 닥나무의 생태, 한지를 만드는 기술과 장소 등 한지에 관한 모든 것을 기록하는 데 힘쓰고 있답니다.

충북 청주시 상당구 문의면 문의시내2길 20-12
0507-1407-5808 10:00-19:00(월, 화요일 휴무)

마불갤러리 터무니

터무니

레트로 감성이 가득한 공간 '영운동 동네기록관'

6·25 때 월남한 피난민의 아픈 기억이 서려 있는 영운동은 영오리, 영우리, 샘말, 생이 등 다양한 이름으로 불립니다. 이곳에 위치한 동네기록관 '터무니'는 동네와 주민들의 삶과 추억이 잘 담겨 있는 모습인데요. 복합 문화 공간이면서 한옥 스테이, 문화체험, 원데이 클래스 등 다양한 경험을 할 수 있는 곳입니다. 아기자기한 외관부터 영운동의 생활사를 엿볼 수 있는 갖가지 물건으로 가득 찬 내부까지 살펴보는 재미가 있어요.

충북 청주시 상당구 영운천로 55번길 47
043-902-4703 11:00-18:00(월요일 휴무)

초롱이네 도서관

어린이들로부터 사랑받는 공간
'용암동 동네기록관'

아이들의 호기심을 자극할 만한 책이 가득한 도서관이자 동네기록관입니다. 1층은 도서관, 2층은 기록물을 보관하고 세미나 등을 여는 공간, 3층은 북스테이를 할 수 있는 공간으로 사용되고 있어요. 2000년부터는 '가을 동화 잔치'가 열리고 있다고 하니 동화를 좋아하는 어른, 아이와 함께 방문해 보면 좋을 듯합니다.

충북 청주시 상당구 용암북로4번길 38
043-296-5050 10:00-18:00(토, 일요일 휴무)

초롱이네 도서관 지지구구

지지구구

어른 세대와 젊은 세대의 제로웨이스트 실천을 공유하는 공간 '친환경 동네기록관'

2021년 선정된 이곳은 성안길 안에 위치하고 있고요, 요즘 떠오르는 트렌드 '제로웨이스트'를 소재로 한 독특한 동네기록관입니다. 주민들이 플로깅 활동을 통해 모은 쓰레기로 동네 씨앗을 모아 '씨앗 페이퍼'를 만드는 프로그램 등 주민과 함께하는 친환경 프로그램을 운영하고 있는데요. 동네기록관의 활동과 소식은 인스타그램 (@jijigugu.room)을 통해 접할 수 있답니다.

충북 청주시 상당구 상당로131번길 7-7
0507-1465-2364 화-목, 일요일 12:00-18:00 금, 토요일 12:00-21:00(월요일 휴무)

참새와 소나무 작은 그림책 도서관

참새와 소나무 작은 그림책 도서관

산업단지로 급변하는 대표적인 마을 '오송읍 동네기록관'

2022년 준비 단계로 시작한 읍 단위의 첫 동네기록관이에요. 오송은 청주 내에서도 각종 국책사업과 산업단지의 조성으로 급변하고 있는 대표적인 마을 중 한 곳인데요. 오송읍 행정복지센터에 있는 도서관 건물을 중심으로, 주민들이 마을의 변화하는 모습을 기록하기 위해 기록단을 조성하고, 어린이들과 어른들의 시선에서 바라보고 기록하는 작업을 진행하고 있답니다.

충북 청주시 흥덕구 오송읍 가로수로 174, 오송읍 복지회관 3층 043-201-7536 9:00-18:00(토, 일요일 휴무)

두리재준 건축사사무소

두리재준 건축사사무소

문화제조창 근처에 위치한 '안덕벌 동네기록관'

과거 청주의 산업 중심지에서 현재는 문화제조창, 국립현대미술관 청주, 청주문화산업단지 등이 있는 문화 중심지로 자리매김한 안덕벌에도 동네기록관이 있습니다. 안덕벌의 초기 모습부터 현재까지의 역사와 변천 과정을 볼 수 있는 전시뿐만 아니라 점점 발전해 나가는 마을 모습을 기록물로 만날 수 있어요. 사무소를 둘러본 후 밖으로 나와 벽화로 단장된 골목길을 거닐어 보길 추천합니다!

충북 청주시 청원구 덕벌로 23번길 9 043-273-8114 10:00-16:00

청주사진아카이브도서관

청주사진아카이브도서관

디지털 자료 데이터 베이스 플랫폼 구축에 힘쓴 '우암 콜렉티브 동네기록관'

'청주사진아카이브도서관(홀린사진센터)'은 2014년 책, 사진, 커피가 함께하는 복합 문화 공간으로 문을 열어 지금은 작은 도서관이자 동네기록관으로 운영 중인 곳입니다. 쇠퇴해 가는 도시에 대한 기록의 필요성을 느끼고 '늙은 우암동'을 주제로 도시와 주민들의 모습을 사진과 영상으로 만들어 데이터베이스화 하고 있어요. 입구에는 '동네기록관' 현판이 붙어 있고요. 내부는 아늑한 분위기입니다. 사진 관련 책들도 많아 관심 있는 분들이 방문하면 좋을 것 같아요!

충북 청주시 청원구 상당로244번길 15-6 1층 043-222-3366 10:00-18:00(토, 일요일 휴무)

B77

운천동의 소소한 면면을 만나는
'뜬구름 동네기록관'

'1377 청년 문화콘텐츠 협동조합'에서 운영하는 곳으로, 주로 비디오 컨버팅, 운천동 리서치 및 시민들의 기록을 수집하고 있어요. 감각적이고 예쁜 외관이 인상적인데요. 내부에는 운천동에 살고 있는 시민 인터뷰 등 여러 프로젝트의 결과물들이 전시되어 있습니다. 방문 전 인스타그램(@b77.archive)을 통해 전시, 진행 중인 프로젝트의 소식을 알고 가면 좋을 것 같아요.
또 비디오테이프를 볼 수 있는 기기가 거의 없는 요즘, 비디오를 컴퓨터에서 볼 수 있도록 무료로 변환해 주고 있답니다.

충북 청주시 흥덕구 흥덕로 122 0507-1366-8147
10:00-18:00

B77 라이트하우스

라이트하우스

사진으로 동네를 기록하는
'운천동 동네기록관'

'라이트하우스'는 사진으로 기록 활동을 활발히 하는 곳입니다. 아담한 내부에 전시된 필름 카메라가 무척 멋스러운데요. 실제 수업에 쓰이는 것이라고 해요. 필름 속 사진들은 확대경을 통해 자세히 볼 수 있습니다.
이곳을 운영하는 '유자차 스튜디오'는 글쓰기를 어려워하는 사람들을 위한 활동도 꾸준히 하고 있어요. 가게 한쪽에는 유자차 스튜디오에서 만든 굿즈, 타자기, 동네 공간을 기록한 출판물 등을 만날 수 있습니다.

충북 청주시 흥덕구 흥덕로149번길 22 1층
0507-1359-6875 11:00-18:00(토, 일요일 휴무)

∘ Cheongju ∘

청주백제유물전시관

청주에서 출토된 백제 유물을 보다

Check Point

- 선사시대부터 조선시대까지 청주의 역사를 공부할 수 있어요.
- 문화관광해설사의 정규 해설을 신청해 관람하는 걸 추천해요.
- 지금까지도 유물이 발견되고 있어, 주기적으로 전시물을 교체한다고 합니다.

충북 청주시 흥덕구 1순환로438번길 9
043-201-4255 9:00-18:00(월요일 휴무)
무료 관람

백제유물전시관이 왜 이곳에 있을까

지도를 보다 '청주백제유물전시관'이라는 곳이 눈에 띄었습니다. '밝은 마음'을 의미하는 명심산 아래에 있는데, 주변에는 주거 단지뿐이어서 '왜 여기에 전시관을 만들었을까?' 궁금하더라고요. 그래서 찾아보니 과거에 명심산을 오르던 사람들이 걸을 때마다 땅바닥이 울려 의아해 산을 파 보니, 무덤과 유물들이 발견되었다고 합니다. 이곳이 백제시대의 현충원 자리였던 겁니다. 청주백제유물전시관은 2001년에 개관한 충북 최초의 백제사 전문 전시관으로, 청주 신봉동 고군분을 중심으로 청주 송절동 유적, 봉명동 유적 등을 통해 백제시대의 역사를 살펴볼 수 있습니다. 이 밖에도 백제사 연표, 백제 무덤의 종류, 삼국시대 지배층의 무덤, 널무덤 재현 과정, 백제의 관품과 복색 등을 모형으로 전시하고 있어요.

유물들이 품고 있는 이야기를 듣는 시간

전시관에 갔을 때 마침 시간이 맞아 문화관광해설사의 설명을 들으며 전시를 관람했습니다. 청주에는 구석기시대부터 사람들이 살기 시작했다고 해요. 그때부터 쓰던 유물들이 전시되어 있었는데, 유물에 얽힌 잘 몰랐던 사실들을 해설사의 도움으로 알 수 있었습니다.

전시관에 들어서면 제일 먼저 보이는 유물들은 둥글고, 어딘가 엉성해 보이는 토기들이에요. 색은 대체로 불그스름합니다. 가장 오래된 유물들이라 조각이 많이 나 있고, 조각을 이어 붙여 복원한 흔적도 엿보입니다.

옆으로 갈수록 좀 더 정교한 유물의 모습을 볼 수 있습니다. 두께는 얇아졌지만 안정적으로 대칭을 이뤄 잘 서 있고, 손잡이가 달리는 등 훨씬 더 쓸모 있게 만들어졌어요. 이전의 유물과 다르게 짙고 어두운색을 사용한 것이 특징입니다.

이렇게 유물의 색이 달라진 이유는 불을 잘 사용하게 되어서라고 해요. 180도 이하의 불에서 구운 도기는 붉은색을 띠고, 800도 이상 뜨겁게 달궈진 가마에서 구운 도기는 검은색을 띤다고 합니다. 즉, 높은 온도에서 도기를 굽는 기술을 터득하면서 얇지만 더 강한 물성의 도기를 만들 수

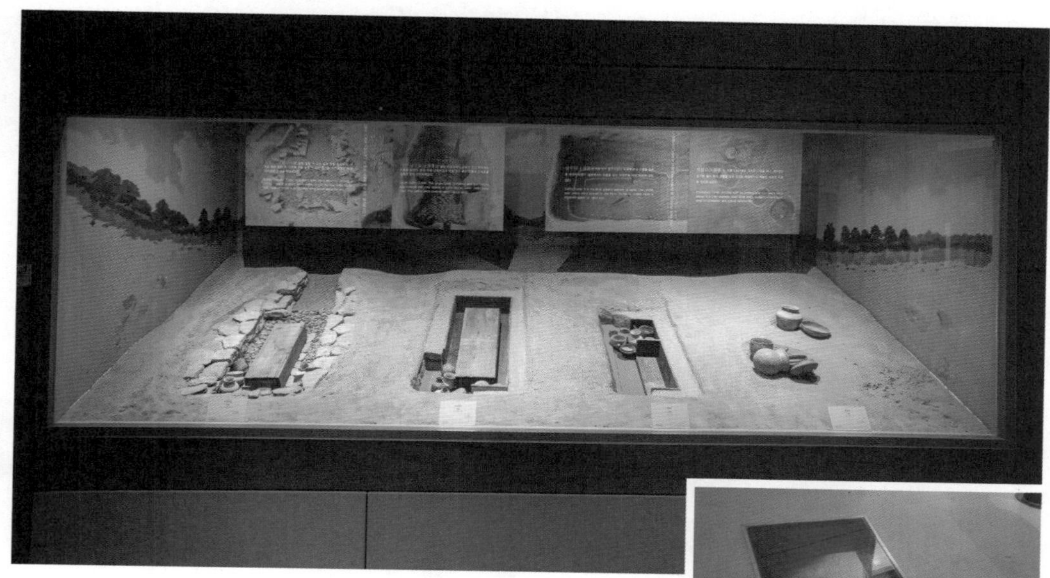

있게 된 것이죠. 이렇게 제작된 도기는 습기에도 강해서 내용물을 더 오래 보관할 수 있다고 합니다.

가장 최근 유물들은 계량선까지 있을 정도로 정교함을 갖추고 있었어요. 하지만 유물의 정교함이 주는 놀라움보다 그 뒤에 숨겨진 오래된 이야기가 더 흥미로운 것 같습니다. 이걸 만들고 사용할 때 조상들의 고민은 무엇이었을까, 이걸 해결하려고 어떤 노력을 했을까 등을 생각하는 재미가 있거든요.

그 밖에도 백제시대에 만들어진 네 종류의 무덤(움무덤, 돌담무덤, 널무덤, 돌박무덤) 내부를 살펴볼 수 있고, 그 시대에 어떻게 이런 무덤을 만들었는지 제작 과정도 볼 수 있습니다. 꼭 시간을 내어 문화관광해설사의 이야기를 들으며 관람해 보세요!

문화관광 정규 해설 안내

대상 : 20명 이하의 소규모 인원(개인 및 단체)
운영 시간 : 화-일요일(오전 10:30 / 오후 13:30, 14:30, 15:30)
신청 방법 : 문화관광해설사 통합예약 홈페이지(www.kctg.or.kr) 또는 전화 문의(043-201-2042)

자전거 타고 숲길, 들길, 물길로

평소 자주 지나던 길도 자전거를 타고 달리면 조금 새롭습니다. 기분도 좀 더 경쾌해지고요. 저는 여행지에서 그런 기분을 느끼기 위해 가까운 거리는 자전거를 타고 이동하고, 자전거길을 신나게 달려 보기도 합니다. 마치 그곳에 사는 사람처럼, 일상을 즐기는 사람처럼 여행을 하는 거죠!

청주는 자전거길이 잘 조성되어 있습니다. 자전거길만 무려 8개가 있습니다. 자전거를 타고 가볍게 달릴 수 있는 길부터 라이딩을 제대로 하고 싶은 분들이 달려 볼 만한 길까지 다양합니다. 저는 그중 몇 코스를 전기로 가는 공유 자전거를 타고 달려 보았습니다.

4.21km / 29분 / 3,000원

국립현대미술관 청주 — 중앙공원

라이딩 전 알아 두면 좋은 정보

- '무심천 롤러스케이트장'에서 출발하는 것도 방법이에요.
- 무심천 자전거길에는 자전거 공기주입기가 설치되어 있어 편하게 이용할 수 있어요.
- 무심천 자전거길을 달려 정북동 토성의 일몰을 보려면, 일몰 30분 전에 도착하는 게 좋습니다.

무심천 자전거길

'국립현대미술관 청주'에서 무심천 자전거길을 달려 '중앙공원'에 도착하는 일정으로 가 보았습니다(원래 무심천 자전거길은 미호천에서 가덕을 잇는 15km 정도의 구간입니다). 중간중간 돌다리도 보이고, 도시 풍경과 스카이라인을 함께 보며 달릴 수 있어 지루할 틈이 없는 길이었어요. 자전거를 타는 분들이 큰 어려움 없이 다닐 수 있도록 잘 조성되어 있어 저도 목적지에 무사히 도착할 수 있었어요. 여름과 가을 사이에 방문한 덕분에 짙은 초록의 풀과 나무들이 노을빛과 어우러져 달리는 내내 아름다운 풍경을 맘껏 보았습니다. 가을과 겨울에는 억새밭을 구경하며 달릴 수 있고, 봄에는 이곳에 벚꽃과 개나리가 가득 핀다고 하니 그때 또 와 보고 싶네요. 자전거길 반대편에는 하상도로가 있어 차로 드라이브하기도 좋을 것 같아요. 지도가 알려 주는 자전거 소요 시간은 19분이었는데, 슬렁슬렁 주변을 구경하며 달리느라 도착까지는 29분 정도가 걸렸습니다. 노을이 지는 시간에 달릴 예정이라면 북쪽에서 남쪽 방향으로 타는 것을 추천합니다!

11.37km / 1시간 9분 / 6,900원

운천동 — 정북동 토성 — 운천동

오천 자전거길

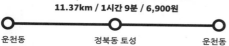

운천동에서 출발해 정북동 토성을 찍고 다시 운천동으로 돌아오는 코스로, 약 12km에 45분 정도 소요되는 거리입니다. 그런데 예상하지 못한 변수가 생겼습니다. 자전거길에 다다르자 갑자기 자전거에서 "띠링 띠링" 알람이 울리며 "서비스 지역을 벗어났습니다"라는 음성이 나오는 거예요. 몇 분 간격으로 계속 알람이 울려서 당황했지만, 다른 대안이 없이 일단 계속 달리기로 했습니다. 알람이 울릴 때 조금 창피했어요. 공유 자전거로 그곳을 달리는 사람은 저밖에 없었거든요.

'오천 자전거길'은 조금 더 전문적인 라이딩 코스인 것 같았습니다. 차량 겸용 구간도 있고, 빠른 속도로 달리는 라이더들도 있었거든요. 돌아오는 길에는 사람이 거의 없는 허허벌판 사이로 논두렁을 달리니 온전히 혼자서만 동네를 누리는 것 같은 기분이 들었어요.

그렇게 열심히 달리다 보면 저 멀리 정북동 토성이 보입니다. 자전거길 위에서 정북동 토성을 보면 정말 멋져요. 근처 조용한 마을 풍경까지 더해 정말 좋았습니다.

미원 자전거길

'미동산수목원' 쪽 자전거길이 잘 조성되어 있다고 해 친구와 함께 찾아갔습니다. '쌀안문화센터'를 검색하면 바로 맞은편에 자전거대여소가 있어요. 2시간 기준으로 1인용은 4,000원, 2인용은 6,000원, 어린이용은 3,000원입니다.

대여소 운영 시간이 따로 적혀 있지 않아 푸근한 인상의 사장님께 여쭤봤더니, "아침 7시부터 저녁 7시까지. 더 일찍 닫을 때도 있고~"라며 호탕하게 대답해 주셨어요. 2인용 자전거를 대여한 후 어디로 가야 할지 고민할 때 사장님께서 '미동산수목원'을 지나 '청석굴' 방향으로 가는 코스를 추천해 주셨습니다. 특히 봄에 오면 벚꽃길이 엄청 예쁘다고 귀띔하시면서요. '미원 자전거길' 길가에는 유독 큰 나무들이 많았는데요. 그래서인지 조용히 산책하는 분들도 여럿 있었습니다. 미원에서 청석굴까지는 4.5km로, 20분 정도 걸리는 코스라 누구나 부담 없이 달릴 수 있습니다.

4.5km / 20분 / 6,000원

미원면 쌀안문화센터 — 청석굴

청주 여행의 시작과 끝에서 ①

청주시외버스터미널 편

집 근처에 시외버스터미널이 있으면 버스도 꽤 편리한 수단이 됩니다. 느긋한 마음으로 천천히 여행을 즐기고 싶을 땐 버스만 한 것이 없죠. '청주시외버스터미널'은 청주 시내와도 가까워 렌트카를 이용하지 않는 여행자에게는 더할 나위 없이 좋은 이동 수단입니다.

출처 : 청주시문화산업진흥재단

1 귀여운 청주 지역 굿즈를 살 수 있는, 굿쥬(GOODS YOU)

'청주시외버스터미널' 바로 옆 건물에는 노란색 간판의 아주 귀여운 상점이 하나 있습니다. 청주에서 활동하는 여러 분야의 작가들이 만든 지역 굿즈를 구매할 수 있는 곳이에요. 문구부터 작은 소품까지 청주의 이야기를 담은 물건들이 가득합니다.

여행지에서 마음에 쏙 드는 기념품을 구매하면 그 여행은 더 오래오래 기억에 남죠. 그러니 청주시외버스터미널에 도착했다면 꼭 한번 들러 보세요!

충북 청주시 흥덕구 풍산로 18 1층 0507-1378-1094 13:00-21:00(월요일 휴무)

2 크로켓과 쫄면을 좋아한다면, 오성당

'청주시외버스터미널' 근처에 있는 유명한 크로켓집입니다. 1976년에 문을 연 40년 전통의 오래된 분식집이에요. 그런데 크로켓보다 쫄면이 더 유명한 걸까요? 간판이나 메뉴판에는 빨갛고 큰 글씨로 '쫄면'이라고 쓰여 있는 게 독특합니다. 거대한 꽈배기, 얇고 바삭한 튀김 속 아삭한 양배추가 씹히는 크로켓, 새콤달콤한 쫄면까지 음식 맛이 깔끔하고 담백했어요. 함께 여행 중이던 쫄면 러버 친구도 반한 맛이었습니다. 쫄면이 맛있어서인지 크로켓, 꽈배기와 함께 먹으니 더 맛있더라고요.

충북 청주시 흥덕구 풍산로 55 043-256-7197 10:30-20:30(일요일 휴무)

3 버스터미널 근처의 작은 시장, 가경터미널시장

'오성당' 근처에는 조그만 재래시장도 있습니다. 작긴 해도 시장은 시장이에요. 없는 것 없이 다 있거든요! 터미널 가까이에 있어 찾는 분들이 더 많은 이곳은 문화관광형 시장이자 체험 시장으로도 알려져 늘 흥겨운 분위기입니다. 시장의 주차장 한쪽에는 쇼핑카트도 준비되어 있어 편하게 장을 볼 수 있어요.

충북 청주시 흥덕구 가경동 1438 043-232-1117

4 집으로 돌아가기 전 에스프레소 한 잔, 점선 에스프레소 바

여행의 끝 무렵, 차 시간이 조금 남았을 때 저는 주로 주변 카페를 찾아갑니다. 짧은 시간을 밀도 있게 보내기에 카페만큼 좋은 곳이 없죠. '청주시외버스터미널' 근처에도 에스프레소 한 잔을 가볍게 즐길 수 있는 곳이 있습니다. 내부는 우드톤으로 아늑하게 꾸며져 있는데요. 공간이 협소한 편이어서 좌석이 많지는 않지만, 차분하게 차 시간을 기다리면서 여행을 마무리할 수 있습니다. 이곳에서 가장 유명한 메뉴는 크림브륄레 에스프레소인데, 하루에 12개만 판매하는 한정 메뉴라서 빨리 품절된다고 해요.

충북 청주시 흥덕구 강서동 546 010-2313-9367 12:00-20:00(화요일 휴무)

청주 여행의 시작과 끝에서 ②

오송역 편

기차를 타고 여행지로 향할 때면 왠지 설렙니다. 바쁘게 움직이는 사람, 손에 든 큰 여행 가방 등 역 안 풍경도 한몫합니다. KTX를 이용하면 서울에서 청주까지 한 시간 정도밖에 걸리지 않아서 부담 없이 여행을 즐길 수 있습니다.

출처 : 청주시청 공식블로그

1 오송역 안 편히 쉬는 공간, 충북대학교 북카페

청주 여행을 하면서 가장 자주 들른 곳을 생각해 보니 '오송역'이었어요. 그래서인지 역 곳곳이 이제는 낯설지 않은 느낌입니다. 그중 가장 편히 머물 수 있었던 곳이 있습니다. 바로, 3층 대합실 서편에 있는 '충북대학교 북카페'입니다.

이곳은 오송역을 방문한 사람이라면 누구나 이용할 수 있어요. 처음에는 충북대학교 학생이나 임직원만 이용할 수 있는 줄 알았는데, 모두에게 열려 있는 공간이었죠. 규칙은 딱 하나! 조용하게 책을 읽거나 휴식을 취하며 타인에게 민폐를 끼치지 않는 거예요. 오송역에 도착해서 기차 출발 시간이 많이 남았을 때, 뭔가를 먹거나 마시고 싶지 않을 때, 조용히 책을 읽거나 음악을 듣거나 하며 쉬어 가기에 좋습니다.

충북대학교 북카페

충북 청주시 흥덕구 오송읍 오송가락로 123 3층

2 한적한 시골 풍경 그대로, 주봉마을

청주의 매력은 도심에서 조금만 벗어나면 고요한 농촌 마을을 만날 수 있다는 거예요. 특히 '주봉마을'은 여름철이면 마을 곳곳에 핀 연꽃을 보기 위해 많은 사람이 찾는 곳입니다.

마을 입구에는 '주봉저수지'가 있습니다. 봄이면 저수지를 감싸고 있는 벚꽃 나무가 만개하고, 여름이 되면 저수지에 연꽃이 가득해 그 모습이 아름답기로 유명합니다. 저수지를 배경으로 마을의 풍경은 또 얼마나 아름다울까요?

주봉마을은 아담한 마을이라 마을을 한 바퀴 도는 데 15분이면 충분합니다. 다만, 이곳은 관광지가 아니기 때문에 주차 공간이 매우 협소하다는 점, 미리 알고 가면 좋을 듯합니다!

충북 청주시 흥덕구 주봉로34번길 2

3 한옥으로 된 복합 문화 공간, 후마니타스

한옥으로 된 4층 높이의 카페 겸 도서관, '인문아카이브 양림 & 카페 후마니타스'입니다. 여름이 되면 연못에는 연꽃이 가득 피고요. 오송역으로 가는 길목에 있어 여행을 시작하거나 마무리할 때 들르기 좋은 곳입니다.

제가 다녀왔을 때는 연꽃이 지고도 한참 지난 겨울이어서 연둣빛의 연꽃 정원을 보진 못했어요. 하지만 여름에 오면 아름답고도 멋진 연꽃 뷰를 감상할 수 있다는 사실!

도착해서 보면 입구가 독특합니다. 1층이 아닌 지하로 내려가 입장하도록 설계되어 있어요. 좁고 긴 통로가 아래로 뻗어 있는데, 높은 벽이 있어서인지 웅장한 느낌마저 들었습니다. 통로를 따라 발걸음을 옮길 때마다 마음도 한결 차분해지고요. 벽면 중간중간에 미술작품도 있어 미술관처럼 느껴지기도 합니다.

내부로 들어서면 배흘림기둥과 상부 목구조를 상징화한 조형물이 전시되어 있습니다. 방문한 날에 혹시 비가 온다면 작품 주변으로 떨어지는 빗방울 소리를 꼭 들어보세요!

입구에서 보이는 한쪽은 카페, 다른 한쪽은 서가로 나뉘어 있습니다. 카페와 서가 모두 자유로이 이용할 수 있는데요. 카페의 창가 자리는 폴딩도어로 되어 있어 연꽃이 만개할 때는 가까이서 볼

수 있습니다. 서가는 3층 규모로, 책장에는 여러 분야의 서적이 빼곡하게 꽂혀 있습니다. 지하 1층에는 문학, 1층에는 인문, 2층에는 예술 서적으로 잘 분류되어 있고요. 서가이지만 이곳에서도 커피와 디저트를 먹을 수 있고, 조용히 대화도 나눌 수 있습니다.

문득 서점이 아닌 도서관으로 만든 이유가 궁금해졌는데, 알고 보니 건축을 전공한 사장님이 평생 수집해 온 장서 3만여 권을 사람들과 공유하고 싶어서 이렇게 개방하셨다고 해요. 책 읽는 사람들을 배려하듯 곳곳에는 책을 읽을 수 있는 자리가 마련되어 있고, 2층에는 크고 작은 방도 있습니다. 이곳은 미리 예약 후 1만 원대의 공간 사용료만 내면 자유롭게 이용할 수 있어요. 가족이나 친구들과 모이기에도 좋아 보입니다.

1층에는 외부로 통하는 문이 있는데, 이곳을 통하면 야외 자리도 이용할 수 있습니다. 날이 좋을 때는 바깥 자리에 앉아 책을 읽어도 좋을 듯해요.

충북 청주시 흥덕구 주봉로15번길 25 0507-1382-2527 10:30-21:00(월요일 휴무)

김파카

•

대학에서 디자인을 공부했고, 인테리어 디자이너로 5년간 일했다. 이후 회사 밖에서 독립을 꿈꾸며 주체적으로 살아보기로 결심하고, 6년간 작은 브랜드를 만들어 운영했다. 지금은 일러스트레이터로 활동하며 꾸준히 글과 그림을 기록으로 남기고 있다. 손으로 무언가를 만들 때 가장 기분이 좋고, 내가 만든 작은 무언가가 누군가에게 도움이 되었으면 하는 바람으로 작업을 이어가고 있다. 여전히 재주껏 먹고살기 위한 일들을 하나씩 수집하는 중이다. 지은 책으로 《집 나간 의욕을 찾습니다》, 《내 방의 작은 식물은 언제나 나보다 큽니다》가 있다.

super.kimpaca@gmail.com
Instagram @kimpaca

청주에 다녀왔습니다 원도심 편

1판 1쇄 인쇄 2023년 6월 5일
1판 1쇄 발행 2023년 6월 23일

지은이 김파카
사진 한희준
자료협조 청주시문화산업진흥재단, 청주문화도시사업
펴낸이 김성구

책임편집 조은아
콘텐츠본부 고혁 이영민 김초록 이은주 김지용
디자인 이응
마케팅부 송영우 어찬 김지희 김하은
관리 김지원 안웅기

펴낸곳 (주)샘터사
등록 2001년 10월 15일 제1-2923호
주소 서울시 종로구 창경궁로35길 26 2층 (03076)
전화 02-763-8965(콘텐츠본부) 02-763-8966(마케팅부)
팩스 02-3672-1873 | **이메일** book@isamtoh.com | **홈페이지** www.isamtoh.com

ISBN 978-89-464-2246-9 14980
978-89-464-2245-2 (set)

- 값은 뒤표지에 있습니다.
- 잘못 만들어진 책은 구입처에서 교환해 드립니다.
- 일부 장소의 경우 정보가 변경되어 다를 수 있습니다.

샘터 1% 나눔실천
샘터는 모든 책 인세의 1%를 '샘물통장' 기금으로 조성하여 매년 소외된 이웃에게 기부하고 있습니다.
2022년까지 약 1억 원을 기부하였으며, 앞으로도 샘터는 책을 통해 1% 나눔실천을 계속할 것입니다.